아는 동물의
죽음

# 아는 동물의
# 죽음

E. B. 바텔스

**인간은 왜
기꺼이 동물과
만나고 또
이별하는가**

김아림 옮김

위즈덤하우스

# contents

그 무덤은 공동묘지의 조용한 뒤쪽 구석에 나무로 둘러싸여 있었다. 그늘이 있어 다행이었다. 웨스트체스터 카운티의 8월 날씨는 무척 더웠기 때문이다. 아스팔트가 깔린 오솔길이 눈부시게 빛나는 화강암 비석들을 가로질렀고, 내 검은 드레스는 땀으로 등에 찰싹 달라붙었다. 나는 오후 내내 약 5000평에 달하는 이 넓은 공동묘지의 오솔길을 왔다 갔다 했다. 금속으로 만든 바람개비, 비닐 풍선, 형형색색의 동물 봉제 인형이 비석을 장식했고, 곁에 놓인 꽃들은 강한 여름 볕에 축 늘어져 있었다.

키가 큰 나무들 아래 자리 잡은 무덤 사이를 지나치다 드디어 내가 찾던 표식을 발견했다. 하트 기호가 새겨진 분홍색 화강암이었다. 여기에는 이렇게 적혀 있었다. "클래런스, 내 영원한 친구이자 수호천사인 널 영원히 잊지 않을 거야." 꽃으로 가려진 그 아래쪽에는 "사랑을 담아, M"이라고 덧붙여 있었다.

나는 그 문장을 읽고 생각했다. 클래런스는 충직하고 친절했으며 애정이 넘치고 다정한 친구였다. 클래런스는 유명한 사람들 곁에 머물면서도 그들의 돈이나 명성, 권력에는 신경을 쓰지 않았다. 대신 클래런스는 삶 가운데 만난 소박한 것들을 소중히 여겼다. 나는 클래런스의 이름 아래 적힌 연도를 확인했다. "1979~1997"이었다. 열여덟 살, 통상적인 기준에 따르면 비통할 만큼 젊은 나이지만 뉴욕 하츠데일에 있는

# 08

아는 동물의 죽음

이 공동묘지에서는 장수한 축에 드는 안타깝지 않은 나이였다. 나는 가수 머라이어 케리가 키웠던 고양이의 무덤을 보고 있었다.

유명인의 반려동물을 추모하기 위해 찾아간 건 이번이 처음은 아니다. 나는 리지 보든(1892년에 아버지와 새어머니를 도끼로 살해했다는 혐의를 받은 여성—옮긴이)이 키웠던 보스턴 테리어인 도널드 스튜어트, 로열 넬슨, 래디 밀러의 묘지 앞에도 앉아본 적이 있다. 그 묘비에는 "잠시 잠들다"라는 문구가 새겨져 있었다. 나는 캘리포니아 칼라바사스의 반려동물 추모공원도 방문한 적이 있는데, 여기에는 호팔롱 캐시디(배우 윌리엄 보이드가 연기했던 카우보이 캐릭터—옮긴이)의 말 루돌프 발렌티노, 험프리 보가트의 개, 찰리 채플린의 고양이, 그리고 영화 제작사 MGM의 트레이드마크인 사자 중 한 마리가 묻혀 있었다. 나는 파리 외곽에 자리한 '개와 기타 동물 묘지'에 있는 린 틴 틴(1차 세계 대전 당시 미군에게 구조되어 이후 여러 영화에 출연하며 유명해진 저먼 셰퍼드 종의 개—옮긴이)의 무덤도 둘러보았다. 켄터키주 렉싱턴에 자리한 경주마 사무국에 설치된 말들의 마지막 안식처 위에 서서 기도한 적도 있다. 하지만 이런 유명인들의 반려동물 묘지 자체보다 더 인상 깊었던 것은 그것을 둘러싼 묘비들이었다. 유명인들만 죽은 반려동물을 매장하는 건 아니다. 클래런스의 분홍색 화강암 비석 좌우에는

09

Prologue

일반인들이 자신의 반려동물을 위해 세운 수백 개의 묘비가 있었다. 이 묘비들은 머라이어 케리가 클래런스를 위해 만든 묘비에 뒤지지 않을 정도로 호화로웠다. 내가 만약 "사랑을 담은 M"과 클래런스의 묘비에 얽힌 이야기를 몰랐다면 주변의 다른 묘비들과 쉽게 분간하지 못했을 것이다. 나는 클래런스의 이름 옆에 붙은 2개의 하트 기호를 살피며 이렇게 생각했다. '유명인도 우리와 다를 바 없어. 다 똑같아.'

　　반려동물 공동묘지는 하츠데일을 찾기 전부터 잘 알고 있었다. 사실 내가 다닌 고등학교가 동물 묘지 바로 옆에 있었다. 보스턴 남서쪽 외곽인 데덤의 멋진 녹색 캠퍼스를 자랑하는 이 뉴잉글랜드의 사립학교는 시설이 웬만한 대학교보다 나았다. 올림픽에 출전하는 체육계의 동문들, 오랜 전통, 준수한 SAT 점수. 입학 경쟁이 극도로 치열한 아이비리그에서도 높은 합격률을 뽐내며 그동안 이미지를 세심히 갈고 닦아온 학교였다. 하지만 외부 선전용 자료에는 거의 등장하지 않는 사실이 있었다. 이 학교가 보스턴의 동물구조연맹이 운영하는 파인 리지 반려동물 묘지에 묻힌 수천 마리의 죽은 동물 옆에 자리한다는 점이었다. 파인 리지는 내가 처음으로 알게 된 공식 반려동물 공동묘지였는데, 미국 전역에 이런 묘지가 700곳 넘게 흩어져 있다.

　　파인 리지 공동묘지를 처음 알게 된 열네 살 무렵까지 이미 나는 사랑하는 반려동물을 여러 번 떠나보낸 적이 있었다. 또 나는 책 읽기를 좋아했는데, 솔직히 청소년 소설책에는 죽은 반려동물 이야기가 가득했다. 헬렌 맥도널드는 《메이블 이야기》에서 이렇게 말한다. "나는 새로운 동물 책을 읽으며 페이지 수가 줄어들 때마다 끔찍한 두려움에 사로잡혔던 기억이 난다. 곧 무슨 일이 벌어질지 짐작할 수 있었고 그 일은 반드시 일어났다." 《내 사랑 옐러》에서는 무슨 일이 벌어지는 가? 등장하는 개가 죽는다. 《나의 올드 댄, 나의 리틀 앤》에서는? 개 두 마리가 죽는다. 《붉은 망아지》에서는? 망아지가 죽는다. 《별 볼 일 없는 4학년》에서는? 거북이가 죽는다. 이 목록은 계속 이어진다.

우리가 동물들에게 마음을 열고 다가갈 때, 그들의 죽음은 피할 수 없는 대가다. 제이크 메이너드는 《캐터펄트》에 쓴 에세이 〈개를 사랑한다는 무모함에 대해〉에서 이렇게 말했다. "동물을 사랑하는 것은 10년 정도에 이르는 우정을 얻는 대신 미래에 닥칠 마음의 상처를 저당 잡히는 것이다." 또 매슈 길버트는 회고록인 《목줄 풀어주기: 개 놀이공원에서 보낸 1년》에 이렇게 썼다. "평균적인 한 인간의 일생 동안 냄비와 프라이팬, 소파, 램프는 아주 오랜 시간 우리와 함께한다. 심지어 좋아하는 티셔츠도 수십 년 동안 남아 있고, 실크스크린으로 인쇄된 앨범 재킷의 그림이나 가수의 투어 날짜도 비록 주름 지고 갈라질지언정 계속 남는다. 하지만 강아지와 함께라면,

당신은 마음의 상처로 가는 급행열차에 올라탄 셈이다."

그런데도 사람들은 계속 반려동물을 키운다. 미국 반려동물용품협회에 따르면 이 글을 쓰는 현재 전체 미국 가정의 67퍼센트인 8490만 가구가 "반려동물의 한 종류"와 함께 살고 있다. 이렇듯 전 세계에 수많은 반려동물 보호자가 있고 그 동물과 보호자 사이에서 불가피한 이별과 상실이 잇따르지만, 사람들이 반려동물의 죽음을 애도하는 방식은 언제나 가볍게 치부된다.

예컨대 머라이어 케리가 '가족의 죽음' 때문에 세계 투어를 취소했다고 상상해보자. 만약 그 '가족'이 그녀의 어머니였다면 사람들은 당연히 이해해줄 테고, 팬들은 카드와 꽃을 보내고 격려와 위로의 메시지를 덧붙일 것이다. 하지만 만약 머라이어 케리가 고양이 클래런스의 죽음을 애도하기 위해 투어를 연기했다면 어떨까? 분명 일부 팬들은 이해하겠지만, 소셜 미디어에서 그런 행동은 그저 농담거리가 될 것이다. 실제로 2012년에 가수 피오나 애플은 죽어가는 핏불 테리어인 재닛과 더 많은 시간을 보내기 위해 남미 투어 일정을 연기했고, 여기에 대한 자신의 심경을 쪽지에 적어 페이스북에 게시했다.[1] 수천 명의 팬이 애플의 팬답게 이 게시물에 지지하는 댓글을 달았지만, 그 가운데에는 관리자들이 마땅히 삭제

---

1 애플은 나중에 자신의 앨범 《페치 더 볼트 커터스》에서 재닛의 뼈를 이용해 타악기를 두드려 그 소리를 음악에 넣었다.

해야 할 추잡한 댓글도 있었다. "애완동물은 오래 못 살아. 어차피 죽을 텐데, 설마 안 그럴 줄 알았던 거야?" 피오나 애플이 자신의 반려동물을 마치 사람처럼 여겨 일을 쉬면서까지 슬퍼하는 것은 너무 지나치다고 말하는 사람도 있었다.

이렇듯 반려동물의 죽음을 슬퍼하는 일은 그동안 제 권리를 박탈당해 왔고, 그래서 이 추모를 어떻게 처리하고 존중해야 하는지 알기가 쉽지 않다. 하지만 여기에는 자유로운 측면도 있다. 사람들의 기준과 기대는 사회적인 수용에서 비롯한다. 내 머릿속에는 인간의 장례식 장면이 함께 떠오른다.

나는 매사추세츠주의 이탈리아계 아일랜드 가톨릭 가정에서 자랐다. 그래서 내게 한 사람의 죽음은 똑같은 모양의 관, 똑같은 성경 구절, 겹겹이 쌓인 기도 카드와 빳빳한 검은 옷, 장례식장에서 나오는 라이프세이버 사탕의 맛, 강렬한 백합 향기, 장례식이 끝나면 나오는 델리 샌드위치를 의미했다. 문화마다 전통이 다르지만, 그래도 모든 문화권에는 인간을 위한 전형적인 자기만의 애도 의식이 존재한다. 이런 의식들은 때때로 지루하고 반복적으로 여겨지기도 하지만, 동시에 안정감과 함께 무언가 종결되었다는 느낌을 준다. 무엇을 기대할지 아는 상황에서 편안함이 깃든다. 심지어 예전에 참석한 '종교적이지 않은' 한 추도식에서도 나름의 형식을 볼 수 있었다. 그날은 고인의 큼직한 사진이 걸리고 딜런 토머스의 시가 낭송되었으며 밥 딜런의 〈메이크 유 필 마이 러브〉가 울려 퍼졌다.

# 13

우리에게는 반려동물의 죽음을 애도하는 안내서가 없다. 그래서 어떤 사람들은 수십 년 동안 동물의 유골을 항아리에 넣어 벽난로 위에 올려놓고, 어떤 사람들은 (때때로 불법이지만) 동물을 뒤뜰에 묻는다. 기르던 고양이의 털로 스카프를 짜는 사람도 있고, 개의 사체를 박제하는 사람도 있다. 곧장 새로운 강아지나 고양이를 데려오는 사람도 있고, 다시는 반려동물에게 정을 주지 않겠다고 다짐하는 사람도 있다.

여러분의 반려동물이 세상을 떠났을 때, 그동안 다른 사람이 반려동물의 죽음을 추모하는 모습을 본 적이 없을 수도 있다. 그러니 여러분이 따를 역할 모델이 없을 가능성이 크다. 우리 가족은 기르던 개 한 마리가 죽었을 때 화장한 뒤 등대 옆에 재를 뿌렸다. 동물병원에서 죽은 또 다른 개는 수건으로 싸서 집으로 가져와 마당에 묻었다. 결국 그 시절 우리 집 뒤편은 내가 기르던 새와 물고기가 묻힌 작은 동물 공동묘지가 되었다. 하지만 나는 집을 나가 모습을 감춘 거북이가 죽음을 피할 수 없다는 사실만은 절대로 인정하지 않았다. 이런 죽음들에 유일한 공통점이 있다면, 내가 나의 슬픔을 어떻게 풀어내야 할지 모른다는 것이었다. 나는 모든 방식으로 어떻게든 슬퍼할 수 있었지만 애도할 방법은 전혀 모르기도 했다. 나는 그 과정에서 내 죽은 동물 친구들을 기리고 그들의 생명을 애도하는 최선의 방법을 알려줄 백과사전과 안내서가 있었으면 했다. 나는 이 책이 그런 역할을 할 수 있기를 바란다.

하츠데일 공동묘지를 방문한 8월의 그날, 나는 여기 잠든 모든 동물이 어떤 의도 아래 이곳에 묻혔다는 생각을 했다. 법적으로 강제했기 때문에 이 묘지에 묻힌 동물은 한 마리도 없었다. 보호자가 원해서 이 묘지에 묻힌 것이다. 도쿄 진다이지의 반려동물 묘지도, 마이애미의 펫 헤븐 추모공원도 마찬가지다. 역사를 통틀어, 그리고 전 세계적으로도 반려동물을 향한 보호자의 사랑은 똑같다. 또한 이런 방식으로 자신의 반려동물을 기리는 사람들은 서로를 이해한다. 나는 클래런스의 묘지 옆에 앉아 있다가 자신이 기르던 개의 무덤을 찾은 한 여성을 지켜봤다. 여성은 공동묘지 사무실에서 가위를 빌려 비석 주변의 잔디를 다듬었다. 그로부터 몇 줄 떨어진 묘지에는 한 남성이 꽃다발을 들고 찾아왔다. 그 남성이 여성에게 다가가자 여성은 고개를 끄덕이며 가위를 빌려주었다. 물건을 건네는 과정에서 그들은 반려동물을 사랑하는 사람 대 사람일 뿐이었다. 쓸데없는 판단 없이 척하면 척, 서로를 알아주었다.

이 책은 이런 심정을 헤아릴 줄 알고, 더 많은 것을 보다 잘 이해하고 싶은 사람들을 위해 썼다. 키우던 동물이 내 곁을 떠날 때마다 슬펐고, 이런 감정을 느끼는 게 나만은 아닐 거라고 생각했다. 하지만 그래도 궁금했다. 반려동물의 죽음을 애도하는 것은 사람들이 처음 접하는 새로운 일인가? 어째서 우리는 반려동물이 살아 있을 때 그토록 신경을 쓰고, 죽었을 때는 인생의 큰 고난을 겪은 것처럼 슬퍼할까? 왜 우리는 반려동물이 죽으면 눈으로 보고 손으로 만질 수 있는 무언가를 남기려고 할까? 우리는 왜, 그리고 어떻게 죽은 반려동물을 기리는 의식을 수행할까? 우리는 사랑했던 동물들이 더 이상 곁에 없다는 사실을 어떤 방식으로 슬퍼해야 할까? 반려동물은 주변 동물이나 사람들의 죽음에 어떻게 대처할까? 반려동물을 잃은 사람에게 누가 도움을 줄 수 있을까? 우리는 누구에게 의지해야 할까? 그리고 가장 중요한 것은, 왜 우리는 반려동물이 결국에는 죽는다는 것을 잘 알면서도 계속해서 동물들에게 마음을 여는 것일까? 이런 독특한 유대를 이토록 가치 있게 만드는 것은 무엇일까? 이렇게 마음의 상처와 고통을 받아봐야 무슨 소용이 있을까?

　　머라이어 케리는 클래런스를 자신의 영원한 친구라고 묘사했다. 고양이가 처음 인생에 들어왔을 때 머라이어 케리의 나이는 아홉 살이었고, 이 고양이는 팝스타로 부상하는 보호자와 줄곧 함께했다. 사람들은 머라이어 케리 같은 유명인이라면 자신의 인간관계에 의심을 품는 게 당연하다고 여긴다. 그녀가 세계적으로 인정받는 팝스타라는 이유로 가까워지고 친구가 되려는 사람은 누구고, '미미'라고 불리던 예전의 그녀와 어울리고 싶을 뿐인 사람은 누구일까? 하지만 고양이 클래런스에게 친애하는 보호자 머라이어 케리는 자기를 먹여주고 돌봐주는 좋은 인간일 뿐이었다. 클래런스는 그녀의 완벽한 친구가 되어주었고, 그녀 또한 고양이가 가진 숨은 의도 따위를 의심할 필요가 없었다. 그랬던 만큼 그녀에게 클래런스의 죽음은 커다란 상실로 다가왔을 것이다.

나는 머라이어 케리가 지역 반려동물 묘지가 어디인지 알아보고(또는 매니저에게 알아보게 하고), 자신의 뉴욕 자택에서 가장 편하게 갈 수 있는 하츠데일 공동묘지를 살펴보다 줄지어 선 나무들의 끝 쪽 구석 자리를 선택하기까지의 과정이 눈에 선하다. 클래런스가 묻히던 날 머라이어 케리는 짧은 검정 드레스에 스틸레토 하이힐을 신고, 자신의 유명세를 숨기고 눈물을 감추기 위해 커다란 선글라스와 검정 베일을 썼을지도 모른다. 작은 관이 땅에 내려질 때, 머라이어 케리는 매디슨 스퀘어 가든에서 매진된 공연을 마친 어느 날 밤을 떠올렸을 것이다. 땀과 반짝이 범벅이 되어 끈적이는 몸을 이끌고 집으로 돌아가 소파에 털썩 주저앉아 클래런스를 무릎 위에 뛰어 올라오게 했던 그날. 머라이어 케리는 고양이의 털을 쓰다듬었을 테고, 클래런스는 공연하며 밀려들었던 아드레날린을 가라앉혀 그녀를 진정시켰을 것이다. 머라이어 케리는 친구를 향해 나지막이 노래를 불러줬으리라. "오, 달링, 당신은 언제나 내 사랑일 테니까."

물론 이건 클래런스가 죽기 전까지의 얘기다.

그럼 이제부터 어떻게 되는 걸까?

"동물을 소유한다는 것은
동물을 사랑하는 일이기도 하지만,
동시에 언젠가는 그 동물을 잃게 된다는 뜻이다.
여기에는 거의 예외가 없다."

1

물고기가
우주를 유영하는 법

나는 반려동물을 키우기 전부터 동물을 사랑했다. 이복 형제 세 명과 열 살 터울이라 사실상 외동이나 다름없이 자란 나는 아이들이 거의 없는 동네에서 혼자 많은 시간을 보냈다. 피모사의 점토로 용을 빚고, 노먼이라는 이름의 요정이 나오는 소설을 썼으며, 바이올린으로 아일랜드 민요를 연습하기도 했다. 책을 많이 읽었고, 상상 속이지만 친구도 있었다. 나는 매사추세츠주 렉싱턴의 집을 둘러싼 숲을 몇 시간이고 배회했다. 주변에 다른 아이들이 없어 수두도 걸린 적이 없었다. 혼자 있는 걸 즐겼지만 외롭기도 했다. 동물들에게 눈을 돌린 것은 친구를 만들기 위해서였다.

나의 첫 동물 친구는 유치원 때부터 3학년까지 다닌 몬테소리 학교 교실에서 키우던 동물들이었다. 햄스터, 토끼, 앵무새, 물고기 여러 마리와 샘과 엘라라는 이름의 거북이 두 마리(살모넬라균에 대해 배우면서 그 이름이 말장난이라는 사실을 알았고 그래서 오래 기억에 남았다), 타란툴라 한 마리, 그리고 교실의 4분의 1이 자신의 서식지였던 커다란 이구아나 한 쌍이 그들이었다.

"우리가 얘를 정글에 있는 학교로 보낸 걸까요?" 이구아나들을 본 엄마가 아빠에게 물었다.

아빠는 어깨를 으쓱했다. 아빠는 이구아나가 멋지다고 생각했다. 아빠는 어릴 적 고향 뉴저지의 자연 학습장을 수시로 드나들며 타란툴라 거미들을 쓰다듬게 해달라고 졸랐을 정도로 동물을 사랑하는 사람이었다.

하지만 엄마는 달랐다. 엄마는 먼지와 곰팡이, 꽃가루는 물론이고 동물 털, 깃털, 심지어 머리털에도 알레르기가 있었다. 다른 집 강아지를 귀엽다고 생각하지만 가까이 가려면 코막힘을 완화하는 슈도에페드린을 먼저 복용해야 하는 사람이었다. 내가 이모네 개들과 놀다 집으로 돌아올 때마다 엄마는 현관에서 개털이 묻은 옷을 벗고 곧장 방으로 가 깨끗한 옷으로 갈아입게 했다. 아니면 길게 자른 스카치테이프로 털을 떼어내는 동안 팔을 T자 모양으로 벌리고 꼼짝도 하지 않아야 했다(끈적거리는 '돌돌이'를 처음 접한 이후로는 상황이 달라졌지만 말이다). 이 과정은 성가시고 짜증 났지만 이모의 골든 리트리버 젤리빈과 마당에서 뒹굴 수만 있다면 참을 만한 가치가 있었다.

동물과 함께 있으면 위안이 되었다. 마음이 차분하게 가라앉고 다른 아이들과 함께 있을 때처럼 어색해지거나 괜히 이상한 말을 할까 봐 걱정할 필요도 없었다. 동물들은 나를 있는 그대로 받아들여 주었다. 동물과 함께라면 혼자여도 외롭지 않았다. 그래서 나는 항상 주변에 동물이 있길 바랐다. 나만의 반려동물을 갖고 싶었다. 그래서 나는 엄마의 알레르기를 극복할 방법을 찾기로 결심했다. 학교 도서관에 있는 반려동물 돌보기와 관련된 책을 모조리 읽고 엄마에게 설득력 있는 편지를 썼으며, 'D'로 시작하는 항목이 실린 백과사전에서 모든 개 품종이 정리된 페이지를 아무렇지도 않게 부엌 식탁에 펼쳐두었다.

하지만 내가 몰랐던 비밀이 있었다. 엄마가 거부한 동물 중에는 가까이 다가가도 재채기가 나지 않는 물고기나 파충류도 있었던 것이다. 알레르기는 편리한 핑계에 불과했다. 몇 년 후 엄마는 동물을 키우겠다는 내 간절한 바람을 일부러 모르는 척했다고 고백했다. 동물을 키우다 나중에 맞닥뜨릴 일을 걱정했기 때문이었다. 살아 있는 반려동물은 나를 행복하게 하겠지만, 언젠가 피할 수 없는 죽음을 맞았을 때 내가 얼마나 낙심하고 슬퍼할지를 엄마는 두려워했다. 물론 어린 나는 그 사실을 몰랐고, 설령 알았다 해도 그것이 어떤 의미인지 제대로 이해하지 못했을 것이다. 다만 내 삶을 완전하게 만들 동물이라는 유일한 존재와 나 사이를 엄마가 가로막고 있다고 생각했을 뿐이다.

그러다 엄마가 나를 만류하지 않게 되면서 마침내 작은 동물을 기를 수 있는 기회가 찾아왔다. 엄마는 물고기 한 마리 정도는 키워도 좋다고 말했고, 그 말을 들은 지 얼마 되지 않아 아빠와 나는 벌링턴에 있는 애완동물 가게로 차를 몰고 갔다. 한 마리는 결국 두 마리가 되었고, 곧 붉은색 물고기뿐 아니라 푸른색 물고기도 속속 등장했으며, 순식간에 화려한 플라스틱 인조 식물과 핫핑크색 자갈이 가득한 아주 큰 수조가 우리 집 부엌 조리대의 상당한 면적을 차지하기에 이르렀다.

나는 조리대 앞 의자에 앉아 수조 안을 바라보며 자주 시간을 보냈다. 유리에 코를 바싹 갖다 댔고, 수조 바로 옆에 있으려고 아예 조리대 위에 앉았다. 물고기가 먹이를 먹고, 풀 속으로 뛰어들고, 자갈을 파헤치고, 헤엄치는 모습을 구경하는 건 그동안 본 어떤 텔레비전 프로그램보다 흥미로웠다. 나중에는 물고기가 헤엄치는 모습을 바라보는 것이 실제로 사람과 동물의 혈압과 스트레스 지수를 낮춘다는 사실을 증명하는 논문도 읽었다. 뉴잉글랜드 아쿠아리움의 한 문어는 자신의 서식지 옆에 있는 작은 수족관에 자기만의 물고기를 키웠다. 문어는 무척 영리한 생물이기 때문에 풍부한 지적 자극이 필요하다. 퍼즐 상자와 돌려서 열 수 있는 유리 항아리도 그런 자극이지만, 구경할 수 있는 다른 물고기도 확실히 그렇다. 어린 시절의 나와 다르지 않은 셈이다.

우울증을 앓거나 자살을 생각하는 사람에게 돌봐야 할 동물이 주어지자 새로운 목적의식과 행복을 발견했다는 사례는 수없이 많다. 개와 함께 사는 심장마비 환자들은 그러지 않은 환자들에 비해 회복된 뒤 1년을 더 산다는 연구도 있다. 반려동물이 있는 가정에서 자란 아이들은 알레르기와 천식에 덜 시달린다. 게다가 개들은 냄새만으로도 암세포를 발견할 수 있다. 또 상당수의 치료사는 사무실에 동물을 들였을 때 환자들이 보다 편안함을 느끼며, 특히 어린이 환자가 마음을 열고 치료를 받는 데 도움이 된다는 사실을 발견했다.

이것이 바로 많은 사람이 본능적으로 반려동물에게 끌리는 이유다. 동물들은 우리를 기분 좋게 한다. 어린 시절의 나는 물속 친구들이 이리저리 헤엄치는 모습을 보면서 스스로를 치유하고 있었던 셈이다. 동물을 가까이 두고 그들의 행동과 성격 특성을 관찰하고, 이름을 붙이고, 머릿속에서 이야기를 지어내고, 어떤 대화를 나눌지 상상하는 과정은 티볼 게임이나 다른 평범한 활동에 참여하는 것보다 훨씬 즐거웠다. 윌리스 사이프는 저서 《반려동물을 잃는 것에 관해》에서 이렇게 말한다. "반려동물은 우리에게 순진무구하게 의존하며 우정과 사랑을 준다. 무엇보다도 반려동물은 우리를 판단하지 않은 채 온전히 받아들인다. 우리가 삶에서 바라는 역할이 무엇이든, 동물들은 그것이 되어주며 우리를 결코 실망시키지 않는다. 우리는 동물들을 통해서 우리 자신을 판단한다. 동물과의 우정은 우리에게 안정감과 목적의식, 그리고 형용할 수 없는 개인적 풍요로움을 선사한다." 내 물고기는 이 모든 것을 주었다. 정확히 말하면 살아 있는 동안 그랬다.

물고기 천국에 문제가 생겼다. 부모님이 나와 오빠들에게 각각 물고기 두 마리씩을 골라 수조에 넣게 했고, 그 결과 네온테트라와 금붕어, 자기 구역을 지키려는 시클리드, 공격성이 강한 베타가 뒤섞이는 재앙이 펼쳐졌다. 물고기 돌보는 법을 그렇게 열심히 알아봤건만, 서로 다른 종의 공존 가능성에 대한 장은 흘려버렸거나 제대로 신경 쓰지 않았던 것 같다. 마침내 갖게 된 반려동물에 너무 흥분했기 때문이다.

며칠에 한 번씩 가장 큰 물고기 종인 시클리드 중 한 마리는 점점 커지고, 작은 물고기 중 한 마리는 사라졌다. 이상한 일이었다. 나는 그 시클리드를 '뚱보'라고 불렀다.[2] "뚱보 녀석의 덩치가 자꾸 커져요." 등교 전 아침마다 수조를 확인하면서 흥분한 목소리로 관찰한 바를 얘기했다. "하지만 작은 물고기들은 찾을 수가 없어요. 어딘가 숨어 있는 게 분명해요." 내가 다른 동물 친구들이 기다리는 교실로 즐겁게 향하는 동안 엄마와 아빠는 서로 곤란한 눈빛을 교환했다.

확실히 깨닫지는 못했어도 뭔가 잘못되었다는 느낌이 들었다. 아이들은 무슨 일이 일어났는지 설명하는 단어를 몰라도 죽음을 인지할 수 있다. 토론토대학교의 정신의학, 가정의학과 교수인 앨런 피터킨Allan Peterkin 교수에 따르면 유아들은 구성원의 죽음 이후 가족들의 역학 관계에서 스트레스와 긴장감을 느끼지만, 죽음이라는 현상이 지속된다는 사실을 이해하지 못한다. 네 살에서 여섯 살 사이의 아이들은 동물의 죽음과 마주했을 때 그 동물이 다른 곳에 여전히 살아 있고, 자신이 간절히 바란다면 돌아올 것이라고 상상하곤 한다. 하지만 《우리 아이가 슬퍼할 때When Children Grieve》의 공저자인

---

2 아직 자기 몸에 대한 긍정적인 시각이나 비만에 대한 조롱이 무엇인지에 대해 몰랐던 시절이다.

존 W. 제임스, 러셀 프리드만, 레슬리 랜던 매슈스에 따르면 일단 아이들이 일곱 살이 되면 죽음의 영속성을 이해하기 시작하고, 동물의 몸과 영혼에 무슨 일이 벌어졌는지 궁금해하기 시작한다. 이 시점에 도달하기 전까지는 마술적인 사고나 완고한 부정이 아주 흔하다. 작가 캐런 러셀Karen Russell은《뉴욕 타임스》에 자신의 어릴적 반려동물이었던 소라게의 죽음에 대해 이렇게 썼다. "나는 내가 무엇을 알고 있는지 알고 싶지 않았다."

나 역시 내가 알고 있는 것을 알고 싶지 않았다. 가장 먼저 죽은 나의 동물은 동족 포식의 희생양이었다. 하지만 명백한 증거가 없어 나는 무지한 행복을 계속 누릴 수 있었다.

하지만 그때 어떤 부유물 하나가 눈에 띄었다.

작은 금붕어 한 마리가 남은 먹이 조각과 섞이며 수면을 따라 떠다니다 결국 수조의 필터로 빨려 들어갔다. 그 금붕어는 정말 작고 아무런 움직임이 없었다. 회색 눈과 처진 지느러미, 축 늘어진 얇은 몸통, 피부 안쪽으로 작은 장기와 골격까지 눈에 들어왔다. 나는 필터에서 금붕어를 끄집어냈다. 금붕어는 내 손바닥에 올린 종이 타월 위에서 꼼짝도 하지 않았다. 바로 그곳에서 차가운 죽음이 나를 똑바로 응시하고 있었다.

물론 속이 상했지만, 가장 먼저 기른 동물의 죽음을 맞는 과정의 혼란스러움이 슬픔을 넘어섰다. 영원하다는 개념은 여전히 이해하기 어려웠다. 나는 사체를 손에 쥐고도 그 물고기가 완전히 죽었다는 사실을 믿을 수가 없었다.

일본으로 출장을 떠난 아빠를 대신해 엄마는 죽음이 무엇인지 나에게 설명할 방법을 혼자서 찾아내야 했다. 사실 엄마는 이 물고기들을 원하지도 않았고, 내가 그 동물들의 죽음에 어떻게 반응할지가 엄마의 가장 큰 두려움이었다. 그런 상황에서 이제 엄마는 죽은 물고기의 영혼에 어떤 일이 벌어졌는지를 딸에게 설명해야 했다. 많은 전문가가 반려동물이 죽음을 맞기 훨씬 전부터 아이들과 동물의 죽음에 대해 이야기를 나누라고 권한다. 그래야 그날이 닥쳤을 때 마음을 가눌 수 있기 때문이다. 하지만 우리는 이 과정을 거치지 않았다. 내가 수조 옆 부엌 조리대에 앉아 고사리손에 죽은 물고기를 감싸 쥐는 동안, 엄마는 물고기가 인간과 마찬가지로 영혼을 가졌고 죽어서는 천국에 간다고 짧게 더듬거리며 말했다. 엄마가 뭐라고 설명했는지 정확히 기억나지는 않지만, 내 슬픔을 인정받았다고 느꼈던 것만은 기억한다. 비록 동물을 좋아하지는 않았지만 엄마는 사랑하는 친구를 잃는다는 것이 어떤 의미인지 이해하고 있었다.

심리학자들에 따르면 아동이 살아가면서 겪는 가장 흔한 상실은 일어나기 쉬운 차례대로 기르던 동물의 죽음, 조부모의 죽음이나 이사, 부모의 이혼, 부모의 죽음, 놀이 친구나 친척의 죽음, 아이 자신이나 아이의 삶에서 중요한 누군가에게 닥친 몸을 쇠약하게 하는 부상이다(물론 그 아이가 보통의 안정적인 환경에서 태어났다는 가정하에 그렇다). 내 경우에는 다섯 살 때 물고기의 죽음을 시작으로 이 궤적이 전형적이라는 것을 알게 되었다.

키우던 물고기의 죽음은 큰 충격이었다. 처음에는 죽은 물고기를 변기에 흘려보냈지만 상황은 악화될 뿐이었다. 사체가 수면 아래로 떠내려가 변기 바닥에 자리를 잡는 과정에서 은은하게 물보라가 일었다. 나는 그 물고기와의 정을 떠올리고 수조 속 공동체에 대한 그동안의 공로에 감사하며 몇 마디를 건넸다. 그리고 손잡이를 눌러 물을 내리자 변기 안의 물이 소용돌이치며 물고기의 몸을 홱 뒤집었다. 움직였어! 순간 내 친구가 돌아온 것 같은 기분에 나는 몸이 빳빳하게 굳은 채 서 있었다. 기적적으로 물고기가 부활했는데 내가 미로 같은 변기 배관 속에서 다시 죽인 게 아닐까? 사체가 변기 속으로 사라지는 동안 나는 빠르고 얕은 숨을 내쉬었다. 눈물이 얼굴을 적셨다.

이 '변기 물 내리기와 부활' 트라우마는 꽤나 깊어서 나는 이후로 키우던 모든 물고기가 죽을 때마다 변기에 흘려보내는 대신 땅에 묻었다. 유치원생 때부터 나는 반려동물 사후 장례 지도 산업에 몸을 담았다. 수조에서 죽어 둥둥 떠오른 사체가 발견될 때마다 집 옆 작은 언덕에 무덤을 추가했다. 돌멩이가 많은 뉴잉글랜드의 흙을 파내 얕은 구멍을 팠는데, 가끔은 땅이 얼어 있어 꽤 오래 걸렸다. 나는 그 구멍에 죽은 물고기를 감싼 종이 타월 꾸러미를 넣은 다음 다시 흙을 채웠다. 나는 점점 반려동물 장례 전문가가 되어 학교에서 키우는 동물의 장례식을 보조하기도 했다. 당시 아이들의 일기에는 여름 캠프에서 다른 아이에게 반한 기억이 담겨 있겠지만, 나는 학교에서 치른 햄스터 시나몬의 장례식에서 내가 어떤 역할을 했는지를 뽐냈다.[3] 나는 내가 만든 반려동물 묘지에서 시간 보내는 걸 즐겼다. 그곳에서 돌멩이를 이리저리 정리하고 잡초를 뽑고 흙을 매만졌다. 비린내 나는 작은 무덤에서 내 작은 친구들과 계속 함께한 셈이다.

그렇게 했던 건 그 동물들이 그리웠기 때문이다. 물론 내 물고기가 매일 밤 소파에 웅크려 있다가 나에게 파고들지는 않았지만, 그래도 나는 물고기들을 좋아했기에 그들이 사라져서 슬펐다. 대체할 물고기를 얻은 뒤에도 나는 여전히 예전의 그 물고기들을 생각했다. 어떤 면에서 그들은 나의 일부였다. 나는 그 누구도 나만큼 자신의 반려동물과 깊이 연결되어 있다고 느낀 사람이 없을 거라 확신했고, 슬픔 속에 혼자 머물렀다. 하지만 내가 몰랐던 것이 있었다. 반려동물의 죽음을 애도하는 것은 아이들만의 일도, 어른들의 일도 아니고 과거의 일도, 새로운 일도 아니었다. 언제나 항상 있었던 일이었다.

---

3 나는 시나몬을 땅에 직접 묻었다.

카이로의 아메리칸대학교에서 이집트학을 가르치는 저명한 교수인 살리마 이크람Salima Ikram은 전화로 나에게 이렇게 말했다. "저는 5000년이 흘러도 사람들이 변하지 않았다는 점에 매료되었습니다. 토템이 아닌 친구이자 반려로서 특정 동물과 매우 가까이 지내는 행동이 바로 그것이죠." 이크람은 고대 이집트 동물 미라의 세계적인 전문가다. 여러분이 동물 미라에 대한 글을 읽은 적이 있다면 이크람 교수의 이름을 본 적이 있을 것이다. 파키스탄 출신인 이크람은 이탈리아 토리노의 이집트 박물관과 영국 플리머스에 있는 플리머스 시립박물관, 미술관에서 동물 미라 전시품 관리를 도왔다. 런던의 대영 박물관과 뉴욕의 메트로폴리탄 미술관 큐레이터들과도 협력했다. 한마디로 정리하자면 이크람은 동물 미라 분야에서 세계적인 슈퍼스타다.

나와 대화를 나눌 때 이크람은 동물 미라에 대한 자신의 관심은 어렸을 때부터 시작되었고, 그때 카이로 이집트 박물관의 동식물관(당시에는 이렇게 불렸다)을 처음 방문했다고 말했다. "저는 여기에 완전히 사로잡혔죠." 이크람 교수가 말했다. 이크람은 언제나 동물에 관심이 있었고 자라면서 뱀이나 거북이 같은 동물을 직접 키웠다. "햄스터도 한 마리 키웠지만 금방 죽었어요." 이크람이 밝은 목소리로 덧붙였다. "우리는 서로 유대감이 별로 없었죠." 그런데도 이크람은 햄스터를 둘둘 싸서 땅에 묻었고 묘비를 세웠으며 여기에 장미수를 뿌리는 등 "대단히 화려하고 거창한" 장례를 치렀다. 심지어 그는 "성대하게 차린 햄스터 먹이"를 공물로 올려놓기까지 했다.

나중에 밝혀진 바에 따르면 이렇게 공물을 차리고, 묘비를 만들고, "화려하고 거창한" 반려동물의 장례를 치르는 건 어린 시절의 이크람 교수와 나만의 일이 아니었다. 사람들은 적어도 기원전 3000년부터 이런 일을 해왔다. 고대 이집트인들도 반려동물과의 관계를 소중히 여겼다. 반려 고양이가 죽으면 추모의 의미로 온 가족이 눈썹을 미는 것도 드문 일이 아니었다. 당시에도 가장 흔한 반려동물은 고양이와 개였으며, 더 부유하고 엘리트에 속하는 가정에서는 개코원숭이나 하마, 영양, 야생 소처럼 이국적인 동물이나 혈통 좋은 사냥개를 기르기도 했다.

이크람은 이렇게 설명했다. "동물들은 인간의 세계와 신의 세계 사이 경계 공간에 산다는 형이상학적 관념이 존재했습니다. 그래서 동물들은 두 세계와 의사소통할 수 있다는 믿음이 생겼고, 특별한 의미를 갖게 된 것이죠. 그렇다고 해서 사람들이 동물을 잡아먹지 않았던 것은 아니지만, 최소한 우리가 사는 세계에서는 동물에게 다면적이고 다층적인 의미를 부여했습니다." 이크람은 내가 항상 느끼고 있었지만 분명하게 표현할 수 없던 사실을 정확히 짚었다. 그것은 내가 어린 시절부터 느낀 사람과 동물의 상호작용이 신성하다는 사실이었다.

내가 죽은 물고기를 종이 타월로 감쌌던 것처럼, 고대 이집트인들은 죽은 반려동물을 천으로 감싸 사람과 동일한 방식으로 미라로 만들었다. 미라를 만드는 풍습은 죽은 뒤에도 영혼에게는 몸이라는 집이 필요하다는 생각에서 비롯되었다. 육체가 무너지면 영혼은 목적 없이 방황하다 길을 잃을 테지만, 육체가 잘 보존된다면 영혼은 지하 세계에 성공적으로 진입할 가능성이 높아진다. 고대 이집트인들은 영혼이 세 부분으로 이뤄졌다고 여겼다. 하나는 무덤 속에서 미라가 된 몸에 남아 있는 '카', 다른 하나는 무덤에서 빠져나왔지만 계속 다시 돌아오는 '바', 마지막으로 지하 세계를 떠돌아야 하는 '아카'가 그것이다. 이 믿음은 사람들의 사랑을 듬뿍 받은 반려동물의 영혼에도 적용되었던 것으로 보인다. 예컨대 당시 이세템케브라는 한 귀부인은 자신이 기르던 가젤을 가젤 모양으로 만든 버즘나무 관에 넣어 묻었다. 또 투트모세 왕자는 자신의 고양이 타미트를 위한 석회석 석관과 공물을 바치는 제단의 제작을 의뢰했다. 파라오를 수호하는 임무를 맡았던 개 아부티유는 아마천, 향과 함께 관에 담겨 무덤에 묻혔다.

3000년 동안 이집트인들은 지구상의 다른 어떤 집단보다 많은 동물을 미라로 만들었고, 덕분에 고고학자들은 인간 미라보다 동물 미라를 더 많이 발견했다. 고양이, 개, 새, 악어, 도마뱀, 뱀, 원숭이, 소, 하마의 미라가 발견되었다. 이 모두가 반려동물은 아니었지만 말이다.

동물 미라의 종류는 네 가지다. 첫 번째는 사후 세계 사람들을 위해 식량으로 만든 가짜 미라다. 보통 이런 미라에는 동물의 사체 전체를 담는 대신 파라오가 사후 세계에서 영원히 먹고 싶어 할 만큼 좋아하는 부위만 담는다. 두 번째는 봉헌 미라로 인간을 대신해 신에게 메시지를 전달하는 동물들이다. 바스테트 신에게는 고양이, 토트 신에게는 따오기, 소베크 신에게는 악어 등 신을 닮은 동물이 이런 미라의 대상으로 선택되곤 한다. 세 번째, 신성한 미라도 있다. 황소, 고양이, 악어, 따오기, 개코원숭이가 그 대상으로, 이 미라들은 독특한 표식이 있으며 신들의 환생으로 여긴다. 나는 워싱턴에 있는 스미스소니언 국립 자연사박물관에서 황소로 만든 신성한 미라를 본 적이 있다. 황소는 다리와 발굽을 밑으로 집어넣은 채 누운 자세였고, 겹겹이 천으로 싸여 마치 삔 발목을 둘둘 감싼 것 같았다. 천 조각이 미라의 형체에 단단히 달라붙어 소의 턱과 귀, 뿔의 튀어나온 부분을 알아볼 수 있었다. 돌을 깎아 만든 듯한 검은색과 흰색으로 이뤄진 의안 하나가 진열장의 유리를 통과해 나를 쳐다보았다. 나는 분명 황소가 나를 노려본다고 느꼈다. 그리고 네 번째이자 마지막 유형의 동물 미라는 이크람 교수가 "가장 매력적"이라고 말한 반려동물 미라다.

나는 이크람에게 그동안 고고학자로 일하면서 발견한 반려동물 미라의 개수가 얼마나 되는지 물었다. 다 합해 4개뿐이라는 대답이 돌아왔다. 교수와 동료들은 더 많은 반려동물 미라를 찾았지만 그들이 발굴한 무덤 중 상당수가 예전에 약탈당하고 도굴된 터라 동물 미라를 발견해도 그 유형을 정확히 판정하기가 어려웠다. 단서가 사라졌기 때문이다. 이크람 교수에 따르면 동물 미라에 색다르게 조각한 관이나 석관, 좋아하는 음식과 목걸이, 안장 같은 생전에 좋아하던 물품이 함께 있다면 보통 반려동물의 미라로 여긴다. 무덤에 있는 예술 작품도 도움이 될 수 있다. 만약 동물의 이름이 벽에 적혀 있거나 사람과 동물을 함께 묘사한 그림이 발견되었다면, 이런 단서 또한 이 동물이 반려동물이었음을 암시한다. 이크람은 사람의 무릎에 앉아 장난감을 툭툭 치는 고양이가 등장하는 그림을 무덤에서 본 적이 있다고 했다. "정말 귀여웠답니다." 그가 나를 안심시키듯 말했다.

　　반려동물들은 종종 보호자와 함께 같은 석관에 묻혔다. 이크람에 따르면 밤에 반려동물과 같은 침대에서 껴안고 자는 건 영원히 안식을 취하는 연습을 해보는 셈이다. 예컨대 하비민이라는 남자가 발밑에 웅크린 반려견과 함께 관에서 발견되었는데, 이것은 그들이 살아 있는 동안 많은 시간을 보냈을지도 모르는 자세를 흉내 낸 것이다. 만약 반려동물이 사람보다 먼저 죽으면 동물을 미라로 만들어 무덤에 넣고, 보호자가 나중에 합류하기를 기다린다. 반려동물이 사람보다 오래 산다면, 그 동물이 자연사한 이후 미라로 만들어 주인의 무덤에 넣었다(일부 연구자들은 반려동물이 보호자와 사후 생활을 당장 함께하도록 죽임을 당했다고 여기지만, 이크람 교수는 아마도 몇몇 반려동물이 보호자가 세상을 떠난 뒤 비통함을 이기지 못해 곧바로 죽은 경우일 것이라 생각한다).

보호자와 반려동물을 함께 매장하는 것은 오늘날에도 반려동물을 키우는 사람들 가운데 상당수가 계속 이어가길 바라는 관행이다. 하지만 사람과 동물을 함께 묻는 것은 미국과 유럽에서 오랫동안 불법이었다. 이것은 사람만이 영혼을 가진 유일한 생명체이기에 묘지에 묻힐 자격이 있는 유일한 존재라는 기독교적 사고방식에서 비롯했다. 몇몇 사람이 이에 항변했지만 소용없었다. 시인 바이런 경도 1824년에 세상을 떠나며 자신의 개와 함께 묻히기를 바랐지만 그 소원은 거부되었다.

오늘날에는 인간과 비인간을 망라한 모든 존재를 함께 묻을 수 있는 공동묘지가 더 많아졌다. 그린 펫 장례 조합의 설립자이자 회장인 에릭 그린은 그가 "가족 전체 묘지"라고 부르는 공동묘지를 옹호한다. 그린은 기원전 1만 년 전으로 거슬러 올라가는 북부 이스라엘 나투피언 매장지에 대해 알게 되면서 반려동물과 보호자가 함께 묻히는 묘지에 관심을 갖게 되었다.

이후 그린은 고향인 캘리포니아의 주의원들에게 법을 바꿔달라고 청원했다. 캘리포니아를 제외한 많은 주에서는 이미 법을 개정한 상태였다. 2016년 9월부터 뉴욕주 거주자들은 반려동물의 화장한 유골과 함께 비영리 묘지에 합법적으로 매장될 수 있었고, 다른 주들도 그 뒤를 따르고 있다. 엘런 맥도널드는 텍사스주 시더 크릭의 엘로이즈 숲 자연 추모 공원을 운영하는 중인데, 이 공원에는 반려동물 전용 구역이 있으며, 가족 묘지에 76마리의 동물이 묻혀 있고 보호자와 같은 묘지에 매장된 동물도 세 마리에 이른다. 맥도널드는《애틀랜틱》과 인터뷰하며 이렇게 말했다. "사람들이 반려동물을 가족의 일원으로 여긴다는 것은 처음부터 저에게 분명한 사실이었죠. 어떤 사람에게는 반려동물이 유일한 가족이기도 합니다. 동물과 우리는 삶을 함께하죠. 그러면 죽음도 함께해야 하지 않나요?"

　법이 사람들의 요구를 따라잡고 있는 동안, 그 공백을 메우기 위해 많은 반려동물 묘지에서 화장한 보호자의 유골을 반려동물과 함께 묻을 수 있도록 했다. 웨스트체스터에 자리한 하츠데일 반려동물 묘지의 소유주인 에드 마틴 주니어 역시 자신의 죽은 가족 구성원을 모두 화장한 뒤 하츠데일에 묻힌 반려동물 옆에 매장했다. 그것이 합법적이지 않을 때도 사람들은 어떻게든 방법을 찾았다.

　나의 이모인 크리스틴은 자식이 없었다. 이모가 키우는 로디지안 리지백 견종의 클라이드가 유일한 자식이었다. 클라이드는 휴가 여행이나 생일 파티를 비롯한 모든 가족 행사에 이모와 함께했다. 이모의 트럭에 탄 채 밖에서 기다려야 하는 경우도 많았지만, 어쨌든 클라이드는 항상 그곳에 있었다. 이모는 누구보다도 클라이드를 사랑했다. 이모가 이제 클라이드를 내려놓아야겠다고 내게 전화했을 때, 어디서 통화를 했는지도 아직까지 기억이 생생하다(2009년 10월 밤, 웰즐리대학교 도서관 바깥의 별이 빛나는 어두운 곳이었다).

이모 역시 얼마 버티지 못했다. 클라이드가 세상을 떠난 지 2년이 채 지나지 않아 이모는 마흔아홉 살의 나이로 급성 희귀 암에 걸려 세상을 떠났다. 세상을 뜨기 전 이모는 메인주 해변의 공동묘지에 클라이드의 유골과 함께 묻히고 싶다고 분명히 말했다. 메인주에는 사람과 동물을 함께 매장하는 것을 금하는 구체적인 규정이 없기 때문에 공동묘지와 장례식장의 재량에 따라 결정을 내린다. 하지만 이모가 안장될 묘지에서는 이 요청을 받아들이지 않았다. 당황한 이모부 에드는 장의사에게 공동묘지 측의 결정을 뒤집어 아내의 소원을 들어줄 방법이 있는지 물었다.

"음." 장의사가 말했다. "관 뚜껑을 닫은 채 장례식 예배를 진행할 예정이죠?"

그랬다.

"장례식 전에 아내와 단둘이 마지막 시간을 가지세요. 일단 관 뚜껑을 닫으면 다시 열지 않을 겁니다."

그렇게 이모부는 클라이드의 유골을 이모의 소맷자락

에 쑤셔 넣은 다음 관 뚜껑을 닫고 땅에 묻었다.

　　나는 사후 세계에서 내가 키우던 반려동물들과 다시 만날 거라고 생각하며 위안한다. 어린 시절 나는 항상 천국에서 죽은 반려동물과 만나는 순간을 상상했다. 사후 세계에 대한 나의 관념 바탕에는 영혼에 대한 아빠의 히피적 사상이 깔려 있었다. 우리의 에너지가 죽은 뒤 우주로 다시 방출되며, 이 에너지는 다른 모든 에너지와 결합해서 따뜻하게 맥동하는 힘을 이룬다는 것이다. 나는 밝은 빛들로 이뤄진 점들을 상상했다. 할아버지와 나, 내가 키우던 물고기, 학교에서 키우던 햄스터 시나몬의 영혼이 혜성처럼 영원히 우주를 유영하고 있었다. 비록 내 물고기가 천국 같은 우주에서 더 이상 물고기의 모습이 아닐지라도 나는 그들의 영혼이 거기 있다는 사실을 안다. 우리는 모두 다시 만날 것이다. 나는 물고기를 미라로 만들지는 않았지만 어쨌든 그들의 영혼이 사후 세계로 갈 수 있기를 바랐다.

　　나는 미라를 제작하는 관행이 다시 살아나고 있다는 사실을 전혀 몰랐다. 어린 시절의 내가 반려동물을 미라로 만드는 방법을 찾고자 했고 수중에 돈이 좀 더 있었다면, 사람과 반려동물을 현대식 미라로 만드는 유타주의 종교 단체인 섬 멈Summum에 연락할 수 있었을 것이다. 이 단체는 나중에 코키 라Corky Ra로 알려진 클로드 노웰Claude Nowell이 1975년에 설립했는데, 그는 "창조의 본질을 자신에게 보여준 진보한 존재들"이 자신을 방문했다고 주장했다. 노웰은 이 존재들이 그에게 준 지식을 사람들과 나누기 시작했고, 1977년 그를 따르는 추종자들과 함께 솔트레이크시티에 피라미드를 하나 세웠다. 이 피라미드는 섬멈 조직원들이 모여 현대적인 미라 제작 방법을 가르치고 실천하는 장소였다. 2008년에 코키 라가 세상을 떠나면서 그 역시 미라로 만들어졌고, 현대식 방법으로 공식적인 미라가 된 최초의 인간이 되었다. 섬멈은 "죽음이 인간의 의식이나 감각을 없애지 않는다"고 여긴다. 또한 "비록 육체는 없지만, 의식이나 그 사람의 본질이 주변에 남아 있고, 주변 상황이 변화하면서 대대적인 혼란을 겪는다. 이때 미라를 통해 육체를 보존하면 사람의 의식에 쉴 공간을 줄 수 있다"고 주장한다. 이것은 육체가 영혼의 집이라는 고대 이집트인들의 생각과 크게 다르지 않다.

　섬멈의 이런 실천은 인간에게만 국한되지는 않는다. 섬멈의 회장인 수 메뉴Su Menu는 자신이 키우던 푸들 매기를 생전의 모습과 꼭 닮게 디자인하고 털 하나하나까지 생생하게 조각한 아름다운 청동 '머미 폼'(섬멈에서 관이라고 부르는) 안에 봉인했다. 나는 에이미 핀켈의 놀라운 다큐멘터리 영화 〈퓨레버〉를 통해 메뉴와 매기의 이야기를 알았다. 핀켈은 솔트레이크시티에 있는 섬멈의 오렌지색 피라미드에 초대받아 섬멈에서 상담가로 일하는 론 테무와 버니 아우아가 고양이를 미라로 만드는 장면을 촬영했다. 다큐멘터리에서 수 메뉴는 자신도 언젠가 미라로 만들어져 매기가 죽었을 때 그랬던 것처럼 똑같은 주목과 보살핌을 받기를 바랐다. 나는 테무와 아우아가 죽은 고양이를 정성스럽게 씻기고 방부제 젤로 털을 가지런히 고른 다음 길고 하얀 붕대로 둘둘 감는 모습을 보면서 미라로 만드는 과정의 매력을 알게 되었다. 비록 자기들이 키우던 고양이는 아니었지만 이들의 움직임 하나하나에는 경의와 애정이 담겨 있었다.

섬멈은 더 이상 외부 인터뷰를 받지 않지만, 2018년에 나는 아우아의 도움으로 자신의 개를 미라로 만든 번이라는 남자와 연락이 닿았다.

번에게 전화로 개의 이름을 물었을 때 주변 카페의 소음 때문에 대답을 정확히 듣지 못했다. 그래서 나는 번에게 철자를 하나씩 알려달라고 부탁했다. "들리는 그대로예요." 번이 대답했다. "실, 리, 너, 겟." 실리 너겟, 그러니까 '바보 녀석'이 반려견의 이름이었다. 바센지 품종의 그 개는 18년 하고도 4개월 반 동안 살았다. 번과 대화를 나눌 무렵인 2019년 3월은 실리 너겟(줄여서 '실리')이 세상을 떠난 지 거의 1년이 되던 시점이었다. 번은 실리가 엄밀히 말하면 형의 개였으며, 실리가 죽으면 미라를 만들자는 것도 원래 형의 생각이었다고 설명했다. 바센지라는 품종은 수천 년 전 아프리카에서 유래했다. 고생물학자들에 따르면 인류가 최초로 길들인 개들이 바센지처럼 생겼고, 이 품종의 초기 개체들은 파라오에게 선물로 바치기 위해 아프리카 내륙 나일강 유역에서 길러졌다고 한다. 고고학자들이 이집트에서 발견한 개들의 미라도 보통 바센지였다. 번의 형은 실리 역시 조상들처럼 미라로 만드는 게 옳다고 생각했다. "그건 실리가 완전히 사라지지 않고 우리와 함께할 수 있는 방법이기도 했죠." 번이 말했다. 그렇게 번의 형이 미라 제작법을 조사했고, 번이 운전을 담당했다. 실리를 미라로 만드는 데는 거의 7개월이 걸렸다. 그 과정이 원래 시간이 좀 걸리기는 하지만 섬멈에 주문이 쇄도하는 바람에 일정이 밀린 탓도 있었다. 꽤 많은 사람이 자신의 반려동물을 미라로 만들고 싶어 하는 것 같았다. 섬멈에서 매년 반려동물의 미라를 얼마나 많이 만드는지는 정확히 알 수 없다. 하지만 2005년에 CBS 뉴스와 인터뷰하며 코키 라가 한 말에 따르면, 그때까지 1400명 이상이 자신이 죽으면 시신을 미라로 만들겠다는 계약을 했다고 한다. 그리고 추측건대 섬멈은 사람보다 반려동물의 미라를 더 많이 만들었을 것이다. 비용이 적게 들기도 하고 동물의 사체를 둘러싼 금기가 사람의 사체에 대한 금기보다는 덜하기 때문이다. 생전에 미라가 되고자 했고, 결국 세상을 떠난 사랑하는 가족 구성원의 열망이 실현되지 못하도록 막는 종교적, 문화적, 사회적 우려는 무척 크지만, 만약 고인의 소망이 반려동물과 함께하고 싶은 것이라면 굳이 막지는 않을 것이다.

섬멈에서 미라를 만드는 과정은 고대 이집트인들의 방법과 크게 다르지 않다. 먼저 사체의 표면을 부드럽게 씻은 뒤 절개해서 내장을 제거하고 안쪽을 씻은 다음, 온몸을 방부액(이것을 만드는 정확한 방법은 섬멈 측만 알고 있는 비밀이다)에 담갔다가 면으로 된 거즈에 싸서 폴리우레탄으로 감싸고 유리섬유와 수지로 덮는다. 마지막 단계는 미라화된 사체를 석관에 넣고 불활성 기체인 아르곤으로 안을 가득 채워 사체가 부패하지 않도록 막는 것이다. 이때 여러분이 원하면 아우아가 미라를 만드는 과정을 전부 사진으로 찍어 전송할 것이다. 혹시 섬멈에서 사기를 치지 않는지 걱정된다면 말이다.

사진을 받을 수 있다는 건 다행이다. 사체를 미라로 만드는 데 드는 비용이 만만치 않기 때문이다. 이 단체는 동물 사체의 무게에 따라 4000달러에서 2만 8000달러에 이르는 비용을 청구한다(6.8킬로그램 이하인 개와 고양이가 비용이 가장 적게 든다). 게다가 수 메뉴가 자신의 푸들에게 했던 것처럼 맞춤형 머미 폼을 제작하려면 5000달러에서 10만 달러까지 추가 비용이 든다.

"그럼 모든 과정이 끝난 뒤에 실리의 사체 전부가 보존되었나요?" 내가 번에게 물었다.

"온전하게 남았죠." 번이 대답했다. 번과 그의 형에게는 실리가 죽은 뒤에도 사체가 완전히 남아 있는 것이 중요했다. 내가 사체를 보존하는 또 다른 선택지로 박제에 대해 말을 꺼내자 번이 재빨리 자신의 생각을 이야기했다. "박제는 끔찍하고 잔인해요. 가죽을 벗겨서 스티로폼 위에 뒤집어씌울 뿐이죠. 어떻게 그런 과정을 통해 방금까지 사랑했던 존재의 본질을 담아낼 수 있겠어요?"

　나는 실리가 다시 그에게 돌아왔을 때 어떤 기분이었는지 물었다. 사체가 (발포 틀에 딱 달라붙어 있긴 하지만) 부패하지 않고 온전한데도 여전히 슬펐을까, 아니면 혼란스러웠을까? 미라가 그가 키우던 개의 본질을 담고 있었을까? "마음이 따뜻해졌어요." 번이 힘주어 말했다. 실리가 거푸집 안에 들어가야 했기 때문에 머미 폼은 생전의 덩치보다 조금 더 커졌지만, 미라가 된 실리는 살아 있을 때 누워서 잠을 자던 모습과 비슷한 자세로 형의 의자 바로 옆에 앉아 있다. 머미 폼 안에는 사슴 인형의 해진 다리를 포함해 실리가 가장 좋아했던 장난감 2개도 함께 넣었다. 번은 실리의 마지막 안식처에 관한 설명을 잠시 멈추고 이렇게 말했다. "제게는 실리의 존재가 느껴져요." 메뉴 역시 다큐멘터리 〈퓨레버〉에서 자기가 키우던 푸들 매기에 대해 거의 같은 말을 했다. "매기의 몸은 죽었을지 모르지만 매기의 본질은 아직 여기 있죠."

　하지만 두 사람의 이야기에서 가장 설득력 있었던 부분은 번과 메뉴가 미라를 만드는 과정을 묘사했을 때였다. 둘은 머미 폼을 디자인하는 데 도움이 되도록 생전의 사진을 모았고, 미라를 만드는 매 단계를 사진으로 확인했다. 이 모든 과정이 완료되기까지는 몇 달이 걸렸다. 애도는 하나의 과정이고, 이 과정을 결코 서둘러서는 안 된다. 울고, 깊이 생각하고, 사랑했던 반려동물을 추억하고, 애정을 쏟는 시간들은 우리에게 나아갈 방향을 일깨운다. 장례식 계획을 세우고, 부고를 쓰고, 매장 준비를 하고, 개의 사체를 솔트레이크시티까지 운송할 궁리를 하는 것은 도움이 된다. 나는 번과 메뉴가 머미 폼에 가까이 다가갔을 때 실리 너겟과 매기의 본질을 느낄 수 있었다는 이야기를 결코 의심하지 않는다. 나는 집 옆의 작은 둔덕에 있던 물고기의 무덤 옆에 앉아 작은 유령들이 헤엄치는 모습을 보았던 순간을 기억한다. 하지만 어쩌면 이런 감정의 일부는 스스로 슬픔을 느끼고 깊이 파고들어 추억하는 시간을 가진 뒤에만 찾아오는지도 모른다.

첫 물고기가 죽고 25년이 지나 나는 케임브리지에 사는 다섯 살짜리 여자아이를 돌보는 유모가 되었다. 예술 분야의 석사 과정을 마친 후에 잠시 얻은 일자리였다. 유모 생활을 시작한 지 몇 달이 지난 어느 월요일, 아이를 학교에서 데려올 때 아이는 주말에 자기에게 물고기가 생겼다고 말했다.

"아, 정말이니?" 내가 열정적으로 되물었다. 비록 내 소유는 아니더라도 새로운 반려동물은 여전히 마음속에 흥분을 불러일으켰다.

"하지만 지금은 전부 죽었어요." 아이가 아무렇지도 않게 주스를 홀짝이며 말했다. "필터가 제대로 작동하지 않았거든요. 제가 물고기들을 어디에 묻었는지 한번 볼래요?"

집에 도착하자 아이는 나를 현관 근처 나무 아래로 이끌었다. 아이는 땅에 가지런히 자리한 작은 흙더미를 가리켰다. 그리고 위로 기어올라 흙을 가볍게 두드렸다. 아이는 잠시 동작을 멈추고 작은 흙더미를 유심히 살폈다. 이 아이도 자기 앞에서 물고기들의 유령이 헤엄치는 모습을 봤을까? 물고기들의 본질을 느꼈을까?

"물고기들은 저 안에 있어요." 아이가 말했다. "잘 가, 물고기야."

아이가 작은 물고기 무덤의 흙을 매만지는 모습을 보고 있자니 시간을 거슬러 올라가는 기분이었다. 다시 한번 나는 우리 집 옆 언덕에서 얼어붙은 흙을 조금씩 파내고 축 늘어진 작은 물고기의 사체를 종이 타월로 감쌌다. 25년이 흐른 뒤에도 아이들은 나와 똑같은 일을 하고 있다. 물론이다. 반려동물의 죽음을 애도하는 건 새로운 일이 아니기 때문이다.

"비록 내 물고기가 천국 같은 우주에서
더 이상 물고기의 모습이 아닐지라도
나는 그들의 영혼이 거기 있다는 사실을 안다.
우리는 모두 다시 만날 것이다."

2

어떤 바보들은
슬픔이 예정된 선택을
후회하지 않는다

엄마도 알고 있었다. 물고기도 좋지만 내게는 그것만으로 충분하지 않다는 사실을 말이다.

나는 물고기들을 좋아했지만 그래도 상호작용이 가능한 반려동물을 키우고 싶었다. 다시 말해 만질 수 있거나 적어도 눈을 마주 볼 수 있는 동물을 원했다.

나는《보스턴 글로브》에 실린 주제별 광고를 읽으며 새끼 카나리아를 헐값에 나눠주거나 이국적인 파충류를 팔려는 사람들을 찾는 습관이 생겼다. 간절한 편지를 써서 엄마의 침대 옆 협탁에 올려두기도 했다. 틈만 나면 동물을 기르려고 시도하는 나를 엄마는 애써 외면했다. 힘들게 떠나보낸 물고기보다 더 크고, 활기차고, 따뜻한 피가 돌고, 털이 난 반려동물이 죽었을 때 내가 겪을지 모르는 트라우마를 걱정했기 때문이다. 하지만 엄마는 결국 백기를 들었다.

"그때 왜 허락해주신 거예요?" 여러 해가 지나 어른이 된 내가 엄마에게 물었다.

"네가 계속 조를 걸 알았으니까."

1992년 여름, 엄마는 내게 새를 키워도 좋다고 말씀하셨다. 나는 우리가 벨몬트에 있는 작은 애완동물 가게에 갔던 날을 결코 잊지 못할 것이다. 가게는 개 사료가 든 자루와 뼈만 남은 동물들, 삑삑 소리가 나는 장난감이 든 상자, 새장, 천장까지 쌓인 어항으로 가득했다. 어떤 새를 골랐는지 그 과정 자체는 흐릿하다. 어쨌든 나는 글로스터 카나리아 한 마리를 갖게 되었다. 아마 할머니가 그 결정에 관여했던 듯하다. 하지만 가장 인상 깊은 것은 집으로 돌아가는 차 안에서 무릎 위에 놓인 종이 상자 안을 이리저리 뛰어다니는 생명체의 존재를 느낀 기억이다.

　　나는 그 새를 키키라고 부르기로 했다. 통통한 몸에 솜털이 보송보송하고, 금색과 갈색이 섞인 깃털이 반짝였던 키키의 발목에는 작은 꼬리표가 달린 발찌가 채워졌다. 키키는 작은 브로콜리 조각을 즐겨 먹었고, 하얀 플라스틱 그네를 타고 놀았으며, 자기 집 꼭대기에 매달린 작은 종을 치는 것을 좋아했다. 나는 부엌 의자에 앉아 키키가 사는 새장 안을 들여다보며 몇 시간을 보냈다. 전에 키우던 물고기에 비해서 상호작용이 잘되지는 않았지만 그래도 뭔가 진일보한 느낌이었다. 깃털을 부풀리고 새장에서 이리저리 뛰어다니는 모습을 이렇듯 가까운 곳에서 보는 건 거의 초월적이라 할 만큼 강렬한 경험이었다. 키키는 나에게 반응을 잘하고 활발했기 때문에 나는 우리가 가장 친한 친구라고 확신했다.

　　여기서 잠깐, 반려동물에 대해 이토록 애틋했던 까닭이 꼭 내가 외동처럼 자라서인 것만은 아니라는 사실을 말해두고 싶다. 외동으로 자란 내 대학 친구 셸리는 판다라는 이름의 고양이를 길렀다. 셸리의 생일은 1월 27일이고 판다의 생일은 1월 28이었기 때문에 여러 해 동안 셸리는 자신과 고양이의 합동 생일 파티를 열었다. 셸리와 가장 가까운 친구인 니콜은

자기 고양이 포인터의 시점에서 판다에게 생일 카드를 써주
곤 했다. "아이들만이 반려동물과 그토록 강한 유대감을 갖고
있지." 셸리가 동의했다. "집 안에는 나와 부모님뿐이잖아. 그
러니 내 수준에 가장 가까운 존재는 반려동물이야." 판다는 일
곱 살이었던 꼬마 셸리가 스물네 살이 될 때까지 17년을 살았
고, 세상을 떠난 뒤에도 보호자가 로스쿨에 다니는 동안 가족
들 사이에서 셸리의 형제로 통했다. 심지어 셸리의 아이들은
펀자브어로 이모라는 단어를 붙여 이 고양이를 "판다 마시"라
불렀다. 힌두교도로 자란 셸리는 가끔씩 판다가 환생했을 가
능성을 생각한다. 셸리의 아버지는 판다가 지금 인도의 정글
에 사는 위풍당당한 벵골 호랑이가 되었을 것이라 확신한다.
반면에 셸리는 딸에게서 판다의 일부를 본다. "내 딸은 장난꾸
러기에 씩씩한데 판다도 그랬어. 엄마와 나도 마찬가지고. 펀
자브 여성들이 보통 씩씩하거든." 셸리가 회상에 빠져 말했다.
"판다는 딱 조지아주 스톡브리지에 사는 씩씩한 펀자브 여군
이미지야."

　　오만과 인도에서 외동으로 자란 슈웨타라는 내 친구
의 친구도 돌리라는 이름의 개를 기르고 있었다. 돌리는 피니
시 스피츠 품종에 흰 양말을 신은 것처럼 발이 하얬다. 슈웨타
는 부모님이 돌리를 집에 데려왔을 때 자신도 드디어 형제자
매를 갖게 되어 황홀했다고 기억한다. 부모님이 슈웨타에게
그 개를 소개한 방식도 마찬가지였다. 슈웨타의 아버지는 돌

리에게 슈웨타 쪽을 가리키며 너의 '체치'라고 했는데, 체치는 말라얄람어로 '언니'다. 돌리는 정말 가족처럼 자랐다. 슈웨타의 가족과 같은 음식을 먹고, 집 안에서 잠을 자고, 가구 위에 올라가 느긋하게 시간을 보냈다. 이것은 1990년대 초반까지 인도에서는 꽤나 드문 일이었다. 개를 키우는 사람의 수도 아주 적을뿐더러 그나마 키우는 개가 있더라도 밖에서 경비견으로 자랐다. 하지만 슈웨타에게 돌리는 함께 지내는 가족 그 자체였다. 판다와 마찬가지로 돌리는 일곱 살이었던 슈웨타가 스물네 살이 될 때까지 17년 동안 살았고, 몸은 죽었어도 영혼은 계속 살아 있다. 슈웨타의 아버지는 이제 돌리의 시점에서 슈웨타의 아이들에게 편지를 쓴다. "매일 돌리의 사진과 함께 돌리가 보낸 이메일이 기다리고 있고, 아버지는 항상 이메일 끝에 '많은 포옹과 함께 너의 코를 핥고 키스한다'라고 마무리해." 돌리와 유대가 특별했던 이유가 외동이기 때문은 아니었느냐고 묻자 슈웨타는 즉시 동의했다. "내 친한 친구들도 대부분 외동이고, 살면서 몹시 중요한 반려동물을 키운 적이 있지. 돌리는 나에게 또 다른 자매였어."

　　반려동물이 형제자매라면 가족을 대하는 것처럼 그 동물들을 대하는 것은 놀랍지 않다. 예컨대 애완동물 가게에서 키키의 생일이 7월이라고 알려줘, 다음 해 여름에 나는 우리 가족이 코네티컷 해안의 작은 섬인 피셔스섬에 별장을 빌렸을 때 새를 데려가 정성 들인 생일 파티를 열어주었다(키키가 함께 이동하느라 엄마가 스테이션 왜건을 운전하는 2시간과 페리선을 타고 이동하는 45분 내내 새장이 덜컹거리면서 작은 종이 딸랑딸랑 울렸지만 말이다). 나는 판지로 봉제 인형에게 씌울 파티 모자를 만들었다. 그리고 부엌에서 접시와 은 식기를 빌리고 케이크믹스로 케이크를 만들자고 주장했다. 또 나는 직접 색종이를 잘라 꽃가루를 만들고, 용돈으로 식료품점에서 색 테이프를 샀으며, 내가 아는 모든 사람을 초대했다. 부모님과 10대인 형제자매들, 봉제 인형, 그리고 상상 속의 친구들이 손님이었다. 아끼는 친구였기 때문에 한 행동이었다. 나는 이전에 부모님이 풍선과 파티 모자, 꽃무늬 아이싱이 들어간 케이크, 선물 더미로 정성이 듬뿍 담긴 생일 파티를 여는 모습을 눈여겨보았다. 그래서 애정은 이렇게 표현하는 것이라 생각했다.

　　나는 키키를 사랑했다. 물론 내가 언제나 그 새를 보살피는 책임을 졌던 것은 아니다. 엄마는 부엌 조리대에서 정기적으로 새똥을 긁어낸 사람이 자신이었다는 사실을 얼른 지적할 것이다.[4] 키키가 먹을 브로콜리를 사고, 파라핀지를 사서 새장 바닥에 깔아야 한다는 사실을 기억해서 챙긴 것은 엄마였다. 아빠는 키키의 발톱을 잘라주었다. 발톱 관리는 키키에게 스트레스를 많이 주는 일이라 나는 엄두가 나지 않았다.

---

4 키키는 횃대에서 뛰어올라 똥을 싸면서 새장 옆 부분에 매달리는 매력적이고 독특한 버릇이 있었다. 그래서 새장 밑바닥에 깐 파라핀지를 제외한 온갖 곳에 배설물이 튀었다.

# 52

아는 동물의 죽음

1994년 여름에는 아버지의 직장 사정으로 프랑스에서 6주를 보낸 적이 있다. 키키가 따라가기에는 너무 먼 여정이라 불쌍한 할아버지와 할머니가 키키를 돌봐주셨다.

나는 이전에 기른 어느 동물보다도 키키에게 유대감을 느꼈다. 물론 키키는 새장을 떠나는 것을 두려워했고 밤에 침대에서 같이 껴안고 자는 것도 아니었지만, 키키는 나에게 반응한 또 다른 생명체였다. 내가 다가가면 알아보고 모이를 새로 갖다주면 활기를 띠었다. 세월이 지나 1992년에서 1996년이 될 때까지도 키키는 살아 있었다. 나는 심지어 가족을 설득해 키키의 짝으로 두 번째 새인 금화조라는 종의 피니를 데려오게 했다. 오히려 내가 그 새를 너무 좋아해서 문제였지만.

그러다 1997년 7월 10일이 되었다. 내가 우울하고 딱딱한 투로 일기를 쓴 날이다. 당시 아홉 살이었던 나는 오후에 여름 클래식 바이올린 캠프에서 막 돌아왔는데, 키키가 먹이나 손길에 반응하지 않고 우리 바닥에 떨어져 있었다. 내 친구가 움직이질 않았다. 나의 가장 소중한 친구가, 계속 움직임이 없었다. 나는 숨이 가빠졌고 엄마는 전화번호부를 뒤져 새를 치료하는 수의사가 있는 지역을 찾았다. 가장 가까운 곳은 리틀턴이었는데 그곳은 렉싱턴에 있는 우리 집에서 북서쪽으로 40분 거리였다. "우린 대체 무슨 생각이었던 걸까?" 몇 년 뒤 엄마가 당시를 회상하며 말했다. "새 한 마리 때문에 리틀턴까지 운전하다니. 그것도 확실히 죽은 새였는데 말이야." 하지만 엄마는 내가 키키를 얼마나 아끼는지 잘 알았다. 나는 그 새를 사랑했고, 엄마는 그런 나를 사랑했다. 엄마는 자신의 딸과 그 딸이 키우는 죽은 새를 당시 우리 동네보다 훨씬 더 작은 동네의 조그만 동물병원에 데려가기 위해 러시아워의 교통 체증 속으로 용감히 뛰어들었다. 마침내 그 동물병원에 도착하자 수의사는 부드럽고 친절하게 키키가 정말로 죽었음을 확인해 주었다. 뜨거운 눈물이 쏟아지는 바람에 밖으로 뛰쳐나와 엄마의 스테이션 왜건 뒷좌석에 기댔지만 마음이 편해지지 않았다.

죽은 키키를 집으로 데려와 신발 상자에 넣어 집 뒷마당 둔덕의 물고기 무덤 옆에 묻었다. 이후로 나는 피니를 돌보는 데 에너지를 쏟았다. 심지어 엄마에게 피니와 같이 키울 또 다른 금화조를 갖게 해달라고 설득하기까지 했다.[5] 그렇지만 피니와 또 다른 금화조 역시 얼마 지나지 않아 죽었다. 아마 모두 조류독감에 걸렸던 것 같다(엄마는 그 시기를 이렇게 회상한다. "한동안은 외출했다 집에 돌아오면 또 다른 새가 죽어 있었지."). 나는 금화조 두 마리의 죽음을 슬퍼했고, 키키 때만큼 힘들지는 않았지만 사체를 내 반려동물 묘지에 묻었다.

후유, 엄마 말이 맞았다. 하지만 내가 엄마 말을 들어야 했을까? 반려동물이 죽는 데 따르는 피할 수 없는 슬픔으로부

---

5   하지만 세월이 많이 흐른 탓에 두 번째 금화조의 이름이 무엇이었는지는 기억나지 않는다.

터 마음을 지키기 위해 동물을 처음부터 아예 들이지 말아야 했던 걸까? 소설가 밀란 쿤데라는 《참을 수 없는 존재의 가벼움》에서 "반려동물에 대한 애정은 우리가 결코 통제할 수가 없다"라고 말했다. 아이를 원해서 낳는 거지, 어느 날 아침에 피임약 먹는 걸 까먹었기 때문에 낳는 건 아니지 않은가. 물론 반려동물도 선택이다. 다만 약간의 소득만 있어도 사람들이 가장 먼저 하는 일이 동물을 들이는 것일 정도로 거듭 반복하는 선택이다.

테레사 브래들리와 리치 킹은 《애틀랜틱》지에 이렇게 썼다. "개를 소유한다는 것은 코카인 이용과 마찬가지로 경제 활동을 가늠하는 지표로 볼 수 있다." 이 글이 발표된 2012년만 해도 인도는 전 세계에서 개를 가장 적게 기르는 나라였다. 인구 1000명당 네 마리밖에 되지 않았으니 말이다. 하지만 시간이 지날수록 이 수치는 급격히 올라갔고, 이것은 인도의 가파른 경제 성장을 보여주는 한 가지 지표다. 2007년부터 2012년까지 인도의 반려견 수는 이전 대비 58퍼센트 증가했다. 베트남에서 자란 내 대학원 친구 애비게일은 처음 미국으로 이사했을 때만 해도 반려동물에게 마음을 활짝 열지 못했다. 베트남에서는 개와 고양이를 기른다 해도 밖에서 키웠고, 그래서 오래 살지 못했다. 당시 애비게일은 사람들이 동물보다 더 중요한 문제에 신경 써야 한다고 생각했다. "생활수준이 낮으면 동물들에게 무슨 일이 벌어지는지 걱정할 여유가 없어." 하지만 이제 애비게일은 베트남에서도 점점 더 많은 사람이 유명한 동물 품종을 실내에서 키운다고 말한다. 사람들은 경제적인 여유가 생기면 가장 먼저 반려동물을 찾는 것처럼 보인다.

사람들은 반려동물에게 기꺼이 돈을 쓴다. 미국 반려동물용품협회에 따르면 미국인들은 2020년 한 해에만 자신의 반려동물에게 1036억 달러를 썼다. 그리고 최근 몇 년 동안 미국인들은 반려동물 핼러윈 의상에 거의 5억 달러를 지불했다.

무엇보다 사람들은 반려동물이 더욱더 건강하고 오래 살 수만 있다면 필요한 모든 비용을 기꺼이 지불하는 것처럼 보인다. 보스턴에 있는 애니멀 바이오사이언스Animal Biosciences를 비롯한 회사들이 반려동물의 '건강 수명'을 연장하는 데 전념하고 있다. 단순히 반려동물을 오래 살게 하는 데 그치지 않고, 더욱 건강하고 행복하게 살게 하는 데 집중하는 것이다. 사람들이 아무리 반려동물에게 많은 돈을 써도 결국에는 죽을 것이기 때문이다.

우리는 왜 스스로 이런 행동을 반복할까? 죽음을 겪지 않은 어린아이들이 실수로 반려동물과 사랑에 빠지는 건 그나마 말이 된다. 아이들은 무엇을 기대할 수 있는지 모르기 때문이다. 하지만 내가 대화를 나눈 이들 가운데 반려동물을 떠나보내는 과정이 너무 힘든 나머지 다시는 키우지 않겠다는 사람은 극소수였다. 회복하는 데 오랜 시간이 걸리는 사람도 있지만, 내가 아는 대부분의 반려견 보호자들은 결국 다시 일어섰다. 그렇다면 어째서 우리는 몇 번이고 이런 마음의 고통을 자진해서 겪을까? 니콜 정은 《타임》지에 기고한 에세이에서 가족이 팬데믹 기간에 극심한 슬픔에 빠졌다가 강아지를 한 마리 입양하기로 결정했다고 썼다. "2년 동안 부모님 두 분을 잃었기 때문에 가끔은 언젠가 죽을 존재를 사랑하는 일이 두렵다. 하지만 우리가 가장 깊은 고통을 겪는 중일지라도, 우리는 사랑하고 사랑받을 필요가 있다." 작가 줄리언 반스도 동료 작가 제이디 스미스에게 보낸 편지에서 이렇게 말했다. "그것은 견딜 가치가 있는 아픔이다."

나는 결국 어떤 결과를 맞이할지 알면서도 엄마의 걱정을 완강히 물리치고 동물을 키우겠다고 고집을 부린 어린 시절의 바보 같던 내 모습을 떠올린다. 비록 죽음에 대해서는 무지했을지라도 잘 아는 사실도 있었다. 우리는 반려동물 가까이에 있을 때 가장 사적인 본래의 자신이 된다는 것이다. 나는 주변에 또래 친구가 별로 없었다. 동네 말썽꾸러기들도, 사촌들도 없었고 몬테소리 학교의 얼마 안 되는 친구들뿐이었다. 나는 친구들 사이에서 어쩔 줄 몰라 했다. 농담을 해도 제대로 통하지 않았고, 책에 관심이 있거나 공놀이를 즐기는 아이도 아니었다. 나는 친구들 사이에서 어색한 표정을 짓곤 했다. 나는 내가 키우는 물고기와 새 옆에서만 겨우 형편없는 호주 억양을 그대로 뱉거나 뮤지컬 〈지저스 크라이스트 슈퍼스타〉의

한 곡을 큰 소리로 부를 수 있었다. 나는 동물 친구들과 함께 할 때 비로소 순수한 나 자신이 될 수 있었다.

어떤 면에서 그건 이기적인 심보였다. 반려동물들은 나를 위해 그 자리에 붙잡힌 청중이었다. 다른 선택지가 없었기 때문이다. 반려동물은 우리의 감정 상태를 보다 강화시킨다. 우리는 동물들을 붙잡고 껴안으며 입을 맞춘다. 가끔은 발톱으로 할퀴거나 몸부림치지만 상당수의 동물은 그대로 불편을 참는다. 여러분은 반려 거북이에게 문어 의상을 입힐 수 있다. 거북이는 오늘이 핼러윈이라는 걸 모르고, 알더라도 신경 쓰지 않으며 입겠다고 동의할 권리도 없다. 전적으로 여러분에게 달려 있는 것이다. 여러분의 강아지는 앤드루 로이드 웨버의 뮤지컬 수록곡을 귀담아듣는 데 시간을 투자하지 않는다. 여러분이 강아지 앞에서 노래를 불러도 그건 순전히 여러분 자신을 위한 것이다. 이렇듯 반려동물을 키우면 노래를 들어줄 청중이 생기고 평가당하는 일 없이 우정을 나눌 친구가 생긴다.

나는 키키와 진정한 유대감을 느낀 순간이 있었다. 내가 먹이인 씨앗을 새장에 집어넣으면 키키는 기대감으로 몸을 떨며 날개를 퍼덕이곤 했다. 내가 노래를 불러줄 때는 이따금씩 몇 개의 음을 따라서 지저귀었다. 키키는 나를 있는 그대로 받아주었고, 친구가 되어 나의 불안을 잠재웠다. 집에 돌아와 부엌 조리대 옆 의자에 앉아 키키를 지켜보는 의식은 일상의 나머지 시간을 씻어내는 명상 같았다. 키키는 나에게 나 자신이 되는 법도 가르쳐주었다. 내가 그냥 나 자신이어도 괜찮다는 사실을 알려준 것이다. 키키는 내가 어떤 모습이든 그대로 좋아했다. 나는 키키를 통해 다른 생명체를 아끼고 사랑하는 방법과 나 자신을 사랑하는 법을 배웠다.

헬렌 맥도널드는 《뉴욕 타임스》에 실린 에세이 '인간이 되는 법에 대해 동물들이 나에게 가르쳐준 것'에서 이렇게 말했다. "사실 동물들은 우리에게 무언가를 가르치기 위해 존재하는 건 아니다. 하지만 동물들은 항상 그 일을 해왔다. 동물들이 우리에게 가르치는 대부분은 우리가 자신에 대해 알고 있다고 생각하는 것들이다. 우리는 우리 자신의 한 측면을 증폭시키고 확장하는 수단으로 동물을 활용한다. 우리가 느끼는 것들, 종종 표현하기 힘든 것들을 동물이라는 간단한 대피용 항구로 보내는 것이다." 우리는 반려동물과 나누는 우정을 통해 강력한 메시지들을 습득한다. 생태학자 사이 몽고메리는 동물과의 만남에서 배운 인생의 교훈을 정리해《좋은 생명체로 산다는 것은》이라는 책을 펴냈다. 우리 중 상당수는 반려동물과 우정이라는 유대 관계를 맺지만, 동물들은 우리의 엄청난 멘토가 되기도 한다. 몽고메리는 책에 이렇게 썼다. "우리를 돕는 스승은 모든 곳에 있다. 그들은 다리가 4개나 2개이며, 심지어 8개이기도 하다. 또 몸 안에 골격이 있기도 하고 그렇지 않기도 하다. 우리가 해야 할 일은 그들을 스승으로 인정하고 진실에 대해 귀 기울여 들을 준비를 하는 것이다."

어린아이들에게는 이것이 사실이다. 아이들은 반려동물에게서 많은 것을 배운다. 심리학자 엘리자베스 앤더슨은 저서 《사람과 반려동물 사이의 강력한 유대에 관해The Powerful Bond between People and Pets》에서 "동물과 아이가 함께할 때 나오는 연금술보다 더 중요한 것은 없으며, 그 마법은 우리를 치유한다"라고 말했다. 저명한 동물 행동학자인 할 헤르조그Hal Herzog는 "아이를 반려동물과 함께 키우면 더 높은 자존감과 인지 발달, 사회적 기술을 습득하게 된다"라고 했다. 물론 애초에 반려동물을 키울 수 있는 환경이라면 아이들이 다른 사회, 경제적 혜택에도 이미 접근할 수 있을 테고, 그것이 도움을 줄 가능성도 있다.

나는 이 책을 쓰기 위해 여러 사례를 조사하는 과정에서, 어린 시절에 동물을 무척 사랑했던 기억을 나에게 말하고 싶어 하는 사람들 대부분이 백인이고, 여기에 더해 교외에 거주하는 중상류 계층에 속하는 경우가 많다는 사실을 발견했다. 그 이유는 반려동물에게 쓸 여분의 소득이 있는 사람들은 그 돈을 다른 데도 쓸 만한 사람들이기 때문이다. 그러니 나는 모든 사람이 내가 반려동물과 함께 겪은 많은 경험에 접근할 수 있는 것은 아님을 안다. 부모님이 내 반려동물에게 수천 달러를 지불했을 뿐 아니라, 키키와 함께 온 가족이 자연 속에서 휴가를 보낸 것부터 내가 교실에 훌륭한 동물 사육 시설을 갖춘 학교를 선택해서 다닐 수 있었다는 점까지 말이다(이 몬테소리 학교에 있는 거대한 이구아나 우리를 가동하기 위해 전기 요금은 또 얼마나 들었을까). 하지만 나는 모든 곳의 모든 아이가 이런 경험을 하기를 바라며, 그럴 수 있을 때 비로소 아이들이 동물과의 상호작용으로 얼마나 많은 이득을 얻는지 알게 될 것이라고 믿는다. 아이들은 반려동물을 보살피며 친절과 동정심을 배운다. 아이들은 다른 존재의 입장에 서면 어떨지를 상상하고 그 존재를 온화하게 대하면서 공간과 거리 두는 법을 배우고, 그들의 신체 언어를 읽으며 물과 사료를 주고 건강하게 보살펴야 한다. 반려동물을 돌보는 과정에서 우리가 배우는 자질은 우리를 더 나은 사람으로 만든다. 메그 데일리 올메르트는 사람과 동물의 유대감에 대한 저서 《서로를 위해 만들어지다》에서 "자기만 신경 쓰는 사람은 결코 반려동물을 돌볼 수 없다"라고 했다. 올메르트는 반려동물을 "나르시시즘의 해독제"로 묘사하면서, 사람들이 동물을 키울 때 보다 관대해지고 덜 이기적으로 행동하며 보다 사교적인 성격이 되는 경우가 많은데, 그러면 자신뿐 아니라 공동체의 건강을 향상시킨다고 말한다. 사람들은 반려동물 보살피는 법을 배우면서 외부의 다른 존재들을 돌보는 법을 깨닫는다. 이 과정은 동료 인간들을 향한 공감 능력을 높이고 보다 관대하며 친절해지도록 이끌 것이다.

동물은 우리를 예상치 못한 일과 직면하게 한다. 내 친구 마리엘은 성장 과정에서 개를 아주 무서워했다. 마리엘과 나는 반려동물 공동묘지 옆에 있는 고등학교에서 만났는데, 그곳에서 마리엘은 자기만 주변과 다르고 어울리지 않는다고 느끼곤 했다. 마리엘은 도미니카 공화국에서 태어난 이민 가정의 자녀였고 보스턴에서 학교로 통학했다. 마리엘은 교외의 부유한 백인 가정에서 자라는 다른 친구들과는 달랐다. 이 부유한 백인 아이들은 항상 개를 키웠다. 반면에 마리엘은 20대가 될 때까지 아무리 작고 앙상한 개라도 개가 집 안에 있는 것을 보면 깜짝 놀라 소파 위로 뛰어오르곤 했다. 마리엘은 자기가 그 개들을 방 밖에 두면 안 되느냐고 정중히 요청하면, 새로운 반 친구와 부모님들이 말도 안 된다며 몸서리친다는 사실을 발견했다. 마리엘은 이렇게 말했다. "그게 내가 학교에서 환영받지 못하는 다른 존재라는 사실을 느끼게 한 첫 번째 경험이었어." 마리엘이 태어난 도미니카 공화국에서는 개가 집을 지키는 게 당연했고 결코 실내에 들이지 않았다. 길거리를 돌아다니거나 밖에 묶여 있는 개들은 벼룩에 감염되거나 광견병에 걸려 있었고, 때로는 둘 다 가지고 있기도 했다. 마리엘은 도미니카 공화국의 잘사는 집 아이들이 작고 귀여운 강아지를 집에서 키운다는 이야기를 들어본 적은 있지만 직접 보지는 못했다. 개에 대한 마리엘의 개인적인 경험은 내 주변과 무척 달랐다. "나는 미친 듯이 화가 난 개에게 쫓겨 도망

다닌 적도 있어!" 전화기 너머 마리엘이 웃음을 터뜨리며 말했다. 그러다 마리엘은 이모와 '삼촌—오빠(어머니의 남동생이니 외삼촌이지만 마리엘보다 겨우 두 살 위인)'가 키우는 조그만 포메라니안인 에이제이를 만났다. 에이제이에 대해 들은 마리엘은 이렇게 생각했다. '좋아, 그 집 강아지도 피해야겠군.' 하지만 에이제이는 항상 이모 집에 있었기 때문에 마리엘은 강아지를 도저히 피할 수가 없었다.

"강아지의 목걸이인지 목줄인지에서 짤랑대는 방울 소리를 듣자마자 반응이 왔지." 마리엘이 말했다. "반사적인 두려움이었어." 하지만 에이제이는 마치 그 사실을 알고 있는 것처럼 조심스럽게 마리엘을 대했다. 마리엘에게 다가갈 때마다 머리를 숙이고 꼼짝도 하지 않은 것이다. 마리엘을 제외한 다른 모든 사람에게는 마구 짖었는데 말이다. 결국 마리엘은 시험 삼아 손을 뻗어 에이제이를 쓰다듬기 시작했다.

그 뒤로 몇 년이 지나면서 마리엘과 에이제이는 유대감을 쌓았다. 그러다 대학원 시절 에이제이가 죽었다는 이모의 전화를 받고 마리엘은 눈물을 흘리며 교실을 뛰쳐나갔다. "마음이 산산이 부서졌지. 이전에 반려동물을 키운 적이 없는데도 말이야. 그래서 나는 이렇게 생각했어. '세상에, 내가 이 백인들처럼 되었구나.'" 마리엘은 하버드대학교 광장의 벤치에 앉아 엉엉 울다가 결국 친구 둘에게 지금 자신에게 무슨 일이 벌어졌는지 문자 메시지를 보냈다. 그러자 친구들은 자기들이 키우던 개가 죽은 이야기를 해주었고, 마리엘은 혼자가 아니라는 안도감을 느꼈다. 마리엘은 자신이 에이제이에게 느끼는 깊은 감정에 스스로도 놀랐다. 에이제이는 마리엘이 개에 대한 두려움을 극복하도록 도왔고, 그 과정에서 마리엘은 자기도 모르게 에이제이와 사랑에 빠진 것이다.

사람과 동물이 이어져 있어야 한다는 것은 앞에서 얘기한 모든 이유로 필수다. 하지만 몇몇 사람에게는 그런 이유를 한참 뛰어넘어 동물이 꼭 필요하다. 자신의 생존에 꼭 필요한 도움을 주도록 특별히 훈련된 개들과 함께 지내기 때문이다. 발작이나 저혈당 쇼크를 미리 감지할 수 있는 동물들의 도움을 받는 간질이나 당뇨병 환자, 문을 열거나 물건을 집는 데 동물의 도움을 받는 하반신 마비 환자들이 그렇다. 환자가 겪는 정신 질환 증세 중 무엇이 진짜이고 무엇이 환각인지 가려내도록 훈련된 동물들도 있다. 이 동물들은 사람과 한 팀으로 일하며, 생존을 위해 서로에게 의지한다. 여기서 비롯되는 유대감은 무엇보다 강하다.

케이트 카툴락은 고등학생 때 병을 앓은 뒤 갑자기 시력을 잃어 앞을 보지 못하게 됐다. "내 모든 세상이 바뀌었죠." 케이트가 말했다. 이제 케이트는 길고 흰 지팡이를 짚고 그동안 한 번도 하지 않았던 방식으로 길을 찾으며 바깥세상을 돌아다녀야 했다. 당연히 케이트는 커다란 불안을 겪었다. 케이트는 자신이 받을 수 있는 여러 지원 중 안내견에 끌렸다. 어렸을 때부터 동물을 사랑했고, 안내견이라면 지팡이 못지않게 안전에 도움을 주고, 안심과 편안함을 느낄 수 있을 것이라고 여겼기 때문이다. 개는 서비스를 제공하는 동시에 정서적 지원이 가능한 동물이었다.

케이트는 먼저 길고 하얀 지팡이를 짚고 돌아다니는 연습을 했다. 안내견 지원을 받으려면 먼저 지팡이를 잘 다뤄야 했기 때문이다. 시험을 통과한 케이트는 "믿을 수 있는 친구이자 동반자, 안내자"라는 평을 듣는 캐벗이라는 이름의 골든 리트리버와 파트너가 되었다. 케이트의 말로는 반려동물과 함께 자란 경험이 있어도 안내견과의 유대감은 완전히 다르다고 한다. 집에서 키우는 반려동물의 관심은 여러 가족 구성원에게 분산되는 반면, 안내견은 먹이를 주고 돌보는 한 명의 보호자에게만 관심을 주고 매일매일 24시간 동안 함께한다. 그래서 둘 사이의 유대감은 정말 다른 차원이다. 하지만 캐벗과 함께했던 케이트의 경험이 독특한 것은 아니다. 수많은 사람이 도우미 동물과 관계를 쌓으며 인생이 뿌리부터 바뀌었다.

2021년 봄에는 다른 시각 장애인인 앤드루 존슨과 그의 안내견 진을 따라다니며 관찰할 기회가 있었다. 진은 미국 뉴저지주 모리스타운에 있는 '시잉 아이Seeing Eye'라는 단체에서 키우고 훈련시킨 초콜릿색 래브라도 리트리버다. 사람들은 종종 맹도견과 안내견이라는 용어를 섞어서 사용하지만, 엄밀히 말하면 이 단체에 속한 개들만이 공식적으로 '시잉 아이 독(맹도견)'이라 불린다. 나는 매사추세츠주 워터타운에서 앤드루와 진을 만나 그들의 집 근처를 900미터 정도 산책하며 이야기를 나눴다. 진은 맹도견용 하네스를 착용하기도 전에 재빨리 앤드루를 따라 현관의 계단 다섯 단을 내려갔다. 그리고 진은 상냥한 래브라도 리트리버답게 마구 킁킁거리고 꼬리를 흔들면서 나를 맞았다. 앤드루가 진의 머리 위로 하네스를 미끄러뜨려 채우면서 산책이 시작되었다. "진과 함께한 이후 마침내 항상 내가 원하던 만큼의 속도로 빨리 걷게 되었죠." 앤드루가 오른쪽 어깨너머로 고개를 살짝 돌려 말했다. 진이 앤드루의 왼편에서 그를 붙잡자, 앤드루는 진의 주의가 산만해지지 않도록 나에게 오른쪽 뒤로 따라오라고 부탁했다. 앤드루는 유전적 장애 때문에 시력을 잃은 채 태어났고 두 살 때부터 집에서 만든 사다리꼴의 PVC 지팡이를 사용했다. 안내견에도 관심이 있었지만 상황이 여의찮아 거의 30년 동안 지팡이를 사용했다. 그는 미국 조정 대표팀에 다섯 번 선발되었고 2012년에는 런던 패럴림픽에 출전한 프로 운동선수라 여행을 많이 다녔다. "나도 어렸을 때는 늦게까지 밖에 있었죠." 앤드루가 웃으며 말했다. 한동안은 여건이 되지 않았지만 2018년 가을, 20대 후반이 된 앤드루는 이제 안내견을 들이기로 결심했다. 시잉 아이에 지원서를 제출한 앤드루는 2019년 5월 진을 만나 훈련시키기 위해 모리스타운으로 향했다.

# 66

아는 동물의 죽음

마운트 오번 스트리트를 산책하면서 나는 진과 앤드루를 따라잡기 위해 걸음을 서둘러야 했다. 둘은 2년 전에 만났지만 그보다 훨씬 오래 함께한 것 같았다. 멋진 카페에 도착한 우리는 함께 커피를 마셨다. 앤드루가 말했다. "진과 함께하면서 저는 그동안 어떤 댄스 파트너와도 도달하지 못한 경지에 다다랐어요." 우리가 산책하는 동안 진은 가끔 주의를 다른 곳에 빼앗기기도 했다. 유모차를 탄 아기들을 좋아한 진은 항상 앤드루를 알링턴 스트리트 모퉁이의 놀이터로 끌고 들어가려 했다. 하지만 그럴 때면 앤드루는 하네스를 부드럽게 끌어당기거나 몇 마디 엄한 말로 진을 다시 신속하게 정상 궤도에 올려놓았다.

교차로에 도달할 때마다 진은 도로 경계석 끄트머리에서 멈췄고 앤드루는 발을 뻗어 보도 가장자리를 더듬었다. 그러다 우리가 보행 신호를 받거나 신호등이 없는 교차로에서 자동차가 오는 소리가 들리지 않을 때면 앤드루는 진에게 앞으로 가라고 지시했고, 둘은 당당하게 나아갔다. 앤드루가 앞으로 가라고 명령했을 때 진이 움직이지 않는다면 앤드루가 발견하지 못한 자동차나 자전거, 보행자를 보았기 때문이다. 이것을 '지적인 불복종'이라고 한다.

"이건 정말 50대 50의 협력 관계랍니다." 앤드루가 강조했다. "안내견이 잘하는 것도 있지만 우리 둘이 움직이기 위해 내가 해야 할 일도 있죠. 나는 하네스를 조종하거나 목소리, 자세로 개에게 의사를 전달해야 합니다. 개와 의사소통을 하고 문제를 해결하죠." 산책 중 주차장 입구 근처에 있는 쓰러진 표지판에 다다랐다. 처음에는 진이 앤드루를 그 안쪽으로 끌고 들어갈 것처럼 보였다. 하지만 내가 막 입을 열어 제지하려던 그때 진이 멈췄다. 앤드루가 하네스를 약간 당겨 진에게 계속 가자는 의사를 전했고, 진은 천천히 뒤로 당겨지면서도 앤드루를 왼쪽으로 이끌어 장애물을 피하게 했다. 앤드루는 진의 지시를 따랐고, 얼마 지나지 않아 둘은 부서진 표지판을 벗어나 앞으로 나아갈 수 있었다. "이러고 있으면 근처에서 좋은 의도로 우리에게 뛰어들어 도우려는 사람들이 있죠." 앤드루가 말했다. "하지만 진과 내가 실수를 하면서 배우는 과정은 무척 중요하답니다."

둘에 대한 이야기를 2시간 동안 쉼 없이 듣던 나는 그에게 앞으로 지팡이를 다시 사용할 것인지, 아니면 안내견과 함께할 것인지 물었다. 혹시 진이 잘못되기라도 하면 어쩔 것인지도 묻고 싶었다(비록 이런 주제를 취재하고 있지만 나는 여전히 이에 대해 직접 묻는 것을 꺼린다). 그러자 앤드루는 안내견과 함께할 것이라고 확실히 말했다. 그리고 나중에도 꼭 또 다른 개를 얻을 것이고, 진이 불가피하게 은퇴하더라도 어떻게든 진과 함께하겠다고 덧붙였다.

일반적으로 안내견은 애완견보다 오래 살지 못한다. 의

사 결정에 따르는 스트레스가 건강을 해치는 게 분명하다. 하지만 안내견들은 더는 할 수 없을 때까지 계속 일하며, 너무 늙거나 신체적, 인지적 문제가 생겨 고통에 시달리는 경우에만 은퇴한다. 어떤 사람들은 은퇴한 안내견을 반려동물로 기르는 선택을 하기도 하지만 항상 가능한 것은 아니다. 집주인은 세입자에게 필요한 경우 도우미 동물을 들이도록 허락해야 하지만, 만약 그 동물이 반려동물로 강등된다면 뭐라고 할까? 집주인은 세입자를 쫓아낼지도 모른다. 경제적인 문제도 있다. 만약 은퇴한 첫 안내견을 반려견 삼고 새로운 안내견과 파트너가 된다면, 여러 마리의 개를 돌보는 데 따르는 경제적인 책임이 너무 클 수 있다. 한 마리가 늙고 아픈 경우에는 특히 더 그렇다. 그리고 심리적으로도 보호자 곁에 머무를 때 은퇴한 안내견들은 일을 그만두기가 힘들다. 그들은 갑자기 자신이 왜 아무런 일도 할 수 없는 상태로 집에 남아야 하는지 이해하지 못한다. 앤드루는 진이 은퇴하기 전까지 자기 집을 소유할 예정이기 때문에 집주인 문제는 없을 테지만, 설사 문제가 생긴다 해도 이미 부모님이 진을 반려동물 삼겠다고 약속했다고 한다.

　하지만 앞서 말한 케이트는 안내견 캐벗이 여섯 살 때 암에 걸려 은퇴했기 때문에 이 모든 과정을 겪어야 했다. 케이트는 호스타라는 검정 래브라도 리트리버를 새로운 안내견으로 맞았다. 호스타와 함께 외출할 때마다 하루 종일 집에 혼자 있어야 하는 캐벗이 걱정되었던 케이트는 잘 아는 가정에 캐벗을 입양시켰다. "캐벗의 일생에는 목적이 있었죠." 케이트가 말했다. "캐벗은 하네스를 차고 자기 일을 해요. 하네스를 착용하지 않으면 위험할 수 있죠." 캐벗은 은퇴한 지 얼마 되지 않아 세상을 떠났고, 케이트는 목걸이와 목줄을 비롯해 만지면서 캐벗을 떠올릴 수 있는 물건들을 상자에 모아두었다.

2019년 4월에 만난 케이트는 호스타와 유대가 아주 깊어져 이후에는 다른 안내견을 들일 수 없다는 느낌이 들었다고 말했다. "호스타를 다른 개와 대체한다니, 그런 생각은 도저히 견딜 수 없었어요." 나와 통화할 때 케이트는 직장에 있었다. 케이트는 퍼킨스 맹인 학교에서 부학장 자리에 올랐다. 호스타는 케이트의 사무실에 있는 개 침대에서 졸고 있었다. "저녁을 먹을 때까지 기다리고 있었던 게 분명해요." 케이트가 말했다. 당시 호스타는 열 살이었지만 케이트에 따르면 아직 어린 강아지처럼 활발한 에너지를 갖고 있었다. 특히 하네스를 착용할 때까지도 그랬다. 하지만 일단 하네스를 차면 호스타의 움직임은 차분하게 바뀌었다. 호스타는 걷고 뛰는 안내견으로 훈련받았지만, 케이트가 철인 3종 경기를 뛸 때는 개가 아닌 사람 안내자와 함께했다. 그뿐만 아니라 케이트는 지팡이 활용을 병행해 지친 호스타를 쉬게 해주었다. 케이트는 호스타가 은퇴해야 한다면 남은 시간을 반려동물로 키우기로 결정했다. 그러는 동안 케이트는 지팡이에 의지할 것이다. 그리고 호스타가 죽을 때까지는 불편해도 새로운 안내견을 들이지 않을 예정이었다. 하지만 불행히도 호스타는 은퇴 기간을 충분히 누리지 못했다. 나와 대화를 나누고 약 1년 반 뒤 호스타가 세상을 떠났고, 그 경험이 너무 고통스러운 나머지 케이트는 이후 호스타에 대해 묻는 내 메시지에 답장하는 것조차 어려울 정도였다. 이후 케이트는 또 다른 안내견인 "믿을 수 없을 만큼 바보 같은 노란 래브라도 리트리버" 도저를 얻었다. 내 생각에는 캐벗과 호스타도 케이트가 새로운 안내견과 함께하기를 원했을 것 같다.

　　　어쩌면 반려동물과의 유대에는 아주 특별한 무언가가 있고, 그들의 도움과 지지에는 우리에게 꼭 필요한 무언가가 존재할 수도 있다. 포기하고 다시 애정을 쏟지 않겠다고 하기에는 중요한 무언가가 말이다. 이 글을 쓰는 지금까지 나의 유일한(앞으로 더 생길지는 모르지만) 강아지 학생인 오다는 골드도어(골든 리트리버와 래브라도 리트리버의 잡종)였다. 창작 글쓰기 수업을 하는 3시간 동안 오다는 파란 조끼를 입은 채 조용히 탁자 밑에 누워 있었고, 이따금씩 자리를 옮기느라 목줄에서 짤랑 소리가 날 때에야 비로소 이 개의 존재를 알아차렸다. 오다는 내 수업을 듣는 프랜시스라는 학생의 도우미 개였다. 사진가이자 작가인 프랜시스는 미군 퇴역 참전 용사로 두 번의 전쟁에서 직접 싸웠고, 세 번째 전쟁은 기자가 되어 취재했다. 나는 이들과 6주에 걸쳐 일주일에 3시간씩을 보내기 전까지는 도우미 동물과 보호자의 유대감에 대해 충분히 이해하지 못했다. 프랜시스는 "우리는 어디든 함께 가는 애정 넘치는 부부 같은 사이"라고 말했다.

오다는 여러 가지 방법으로 프랜시스를 돕도록 훈련받았다. 프랜시스가 저혈압으로 쓰러지자 오다는 프랜시스가 자신의 몸을 짚고 일어설 수 있도록 가만히, 든든하게 서 있었다. 만약 프랜시스가 혼잡한 공간에 서 있다가 PTSD(외상 후 스트레스 장애)를 겪을 위기에 놓이면, 오다는 앞에 있는 것을 치우고 다른 사람들을 비키게 해서 프랜시스를 보호할 공간을 마련했다. 글쓰기 수업이 끝나고 1년 뒤 내가 프랜시스와 오다가 사는 노스 퀸시의 아파트를 방문했을 때, 프랜시스는 오다가 여느 착한 개처럼 건물 복도를 뛰어와 나를 맞이하도록 도우미 일에서 풀어주었다. "집이 엉망진창인 걸 이해해 주세요. 남자 둘이 사니까요." 프랜시스가 말했다. 하지만 그들의 근황을 듣다 보니 이 개는 내가 자기의 얼굴과 턱을 긁어줄 때도 항상 프랜시스에게 주의를 집중하도록 훈련받은 티가 났다. 프랜시스가 화장실에 가거나 커피를 끓이기 위해 부엌으로 가면 오다는 문 근처에서 눈을 떼지 않았다. 이윽고 프랜시스가 자리로 돌아올 때 나는 둘 사이의 따뜻한 정을 느낄 수 있었다. 둘은 하루를 버텨내도록 서로에게 도움을 주는 관계였다.

그로부터 며칠 뒤인 2020년 10월 17일, 나는 둘이 함께하는 4주년에 맞춰 30일 연속으로 매일 4킬로미터를 걷는 데 성공했다는 프랜시스의 문자 메시지를 받았다. 프랜시스는 나쁜 날씨도, 건강 문제도, 전 세계적인 팬데믹도 그들을 막을 수 없었다고 덧붙였다. 둘 사이의 파트너십과 결단력 덕분에 지속할 수 있었던 것이다. 앤드루와 진, 케이트와 호스타가 그랬듯 이들도 자신들의 모든 순간이 소중해졌다. "그 개가 제 삶에 얼마나 큰 선물일까요?" 프랜시스가 덧붙였다.

인생은 가시밭길이다. 프랜시스는 이 사실을 잘 알고 있었다. 유별나게 힘든 일들을 겪으며 살아왔기 때문이다. 오다가 죽으면 그에게는 또 다른 고통스러운 경험이 될 것이다. 하지만 내 친구이자 매사추세츠 서부에서 수의사로 일하는 앨리 코티스Alli Coates 박사는 반려동물을 기르는 것에 대해 이렇게 말했다. "그것은 모든 인생 경험의 축소판과 같다. 그것은 신나는 시작과 슬픈 결말을 가진다. 대학 생활이든, 캠핑이든, 연인과의 관계든, 반려동물을 키우는 일이든 다 마찬가지다." 앨프리드 테니슨 경의 고전적인 경구를 인용할 수도 있다. "사랑하고 잃는 것이 아예 사랑하지 않는 것보다 낫다."

"우리를 돕는 스승은 모든 곳에 있다.
 그들은 다리가 4개나 2개이며, 심지어 8개이기도 하다.
 또 몸 안에 골격이 있기도 하고 그렇지 않기도 하다."

— 사이 몽고메리, 《좋은 생명체로 산다는 것은》

3

말이 통하지 않는
다른 존재의 목숨을 책임진다는
말도 안 되는 일

# 75

1997년 가을, 나는 몬테소리 학교의 이구아나들을 뒤로하고 새로운 학교에 들어가 4학년 생활을 시작했다. 사람보다 동물에게 더 편안함을 느끼는 아홉 살은 친구를 사귀기가 어려웠다. 나는 수줍음이 많은 아이였다. 쉬는 시간에는 학교에서 일어나는 온갖 드라마의 중심인 '포 스퀘어(4명이 4개의 사각형 안에서 공을 주고받는 게임—옮긴이)' 게임에 낄까 말까 주저하고, 친구들 집에서 하룻밤 자고 오는 파티가 열리면 배가 살살 아파와 직전에 도망쳤다. 그러던 어느 날 담임 선생님이 아이들에게 각자 자기가 기르고 싶은 동물의 이름을 물어보았다. 지구상에 존재하는 동물이라면 어떤 종이든 상관없었다. 친구들은 개나 고양이, 말 같은 멋진 동물들을 하나씩 얘기했다. 하지만 나는 머리가 빙빙 돌았다. 온갖 종류의 동물을 다 갖고 싶다는 상상에 빠져들었기 때문이다.

"E.B.는 어떠니?" 선생님이 나에게 물었다.

"아, 저는…." 머릿속에 최근 인터넷 동물 게시판에서 본 해먹에 누운 한 쌍의 페럿 사진이 떠올랐다. 사진을 본 이후로 계속 페럿에 대한 글을 찾아 읽던 참이었다.

"저는 페럿이요!" 내가 대답했다. 나는 "우와!" 하는 반 친구들의 반응을 기대했지만 결과는 정반대였다. 숨 막히는 정적이었다.

"내 여동생이 페럿을 키워." 누군가가 말했다. "냄새가 정말 지독하더라."

메리라는 주근깨가 난 귀여운 여자아이였다. "사실 나도 항상 페럿을 갖고 싶었어." 내가 빤히 쳐다보자 그 애가 나에게 미소를 지었다. 나는 두려움이 사라지는 것을 느꼈다. 학교에서 집으로 돌아와 반려동물에게 인사를 건넬 때와 같은 느낌이었다. 온전히 편안하고, 느긋하고, 차분해졌다. 어쩌면 이 여자애와 친구가 될 수도 있지 않을까?

나는 쉬는 시간에 메리를 찾아가 페럿에 대해 아는 지식을 나누기 시작했다. 그런 다음 다른 동물들에 대한 더 일반적인 지식을 서로 이야기하는데 갑자기 메리가 자기 친구들과 포 스퀘어 게임을 하자고 초대했다. 메리의 집에서 자고 올 예정이었는데 더 이상 배가 아프지 않았다. 동물 친구에 대해 이야기를 나눌 수 있는 인간 친구를 발견한 순간이었다. 4학년이 끝날 무렵 메리와 나는 더욱 친해졌다. 비록 그때까지 우리 둘 다 페럿을 얻지는 못했지만, 메리는 처키라는 이름의 주황색과 흰색이 섞인 햄스터를 입양했다.

처키는 이미 햄스터 나이로 중년이 훌쩍 지난 두 살이었고, 메리에게 입양되기 전까지 힘들게 지냈다. 꿈틀대는 털동물 위를 스케이트보드로 넘어다니는 남자아이의 손에서 자랐기 때문이다. 하지만 메리는 마치 간호사이자 조산사로 일하게 될 자신의 미래를 예견하듯 처키를 데려와 사랑으로 보살피고 씻겨주었다. 처키는 늙은 나이에도 편안해졌고 얼마 되지 않아 살이 올랐다. 처키가 가장 좋아하는 활동은 투명한 파란색 공 안에 들어가 바닥에서 굴러다니기였다. 메리가 부모님과 함께 휴가를 떠나며 처키를 나에게 맡긴, 우리가 5학년이 되어 맞은 봄방학까지는 모든 것이 완벽했다.

3일 동안은 늙고 순한 햄스터 처키와 함께하는 생활이 즐거움의 연속이었다. 내가 처키를 보살피는 모습에 감명받은 엄마가 내게 다른 햄스터를 키워도 좋지 않을까 하고 말씀하실 정도였다. 하지만 4일째 되는 날, 유리 용기에 있는 처키를 데리러 갔을 때 처키는 더 이상 움직이지 않았다. 몸이 차갑게 식어 있었다.

나는 유리 용기에서 손을 급히 빼며 소리를 질러 부모님을 불렀다.

"흠." 엄마가 어떻게 된 일인지 상황을 살핀 끝에 말했다. "메리가 돌아온 다음에 이야기를 꺼내는 게 좋을 것 같아. 메리를 디즈니 월드에 데려가느라 부모님이 돈을 많이 쓰셨을 테니 휴가를 망치면 안 되잖니. 알아들었지?"

아빠도 어쩔 수 없다는 듯 어깨를 으쓱했다. 나는 침울하게 고개를 끄덕였다.

"자, 엘리자베스. 같이 용기를 청소하자. 당신은 햄스터를 얼음 위에 올려놔요."

아빠가 처키를 조심스럽게 비닐봉지에 싸서 창고에 있는 아이스박스 안에 넣는 모습을 보고 속이 좀 울렁거렸지만, 엄마가 나무 부스러기를 긁어내고 유리 용기를 씻는 일을 도왔다. 처키의 죽음보다 더 내 마음을 억누르는 게 있었다. 그것은 처키가 그저 평범한 동물이 아니라 내 친구의 반려동물이라는 사실이었다. 메리에게 뭐라고 말해야 하지? 이렇게 된 게 내 잘못일까? 배가 아파 잠을 이루지 못하는 증상이 되살아났다.

그 주 내내 전화벨이 울릴 때마다 나는 놀라서 펄쩍 뛰었다. 3일 동안 하루에 두 번씩 온 메리의 전화를 가까스로 피했다(휴대폰이 막 보급된 시기라 발신자 번호가 뜨지 않은 게 다행이었다).

하지만 결국 진실을 털어놓아야 했다. 메리는 부모님과 로건으로 돌아오자마자 전화를 걸어왔다.

"E.B.! 잘 지냈어? 지금 막 돌아왔어. 언제 처키를 데리러 가면 될까?"

나는 왼손으로 전홧줄을 둘둘 감은 채 두툼한 검은색 플라스틱 전화기를 오른손으로 붙들고 전화를 받았다. 전화기를 너무 꽉 잡는 바람에 손바닥에 자국이 생겼다.

"E.B.? 듣고 있어?"

"응, 메리. 미안해." 눈물이 차올랐다. 메리와 대화를 나누는 건 이번이 마지막일 게 분명했다.

"뭐라고?"

"음, 그러니까, 네가 없는 동안 네가 하라는 대로 아주 주의 깊게 보살폈어. 진짜야. 내 생각에는 처키가 너무 늙어서….”

“무슨 일인데?”

나는 숨을 들이마셨다. 아빠가 힘내라는 듯 고개를 끄덕였다.

“처키가 죽었어.”

“뭐라고?” 비명과 함께 건너편의 수화기가 떨어지는 느낌이 들었다. 이어서 오열하는 소리가 들렸고 메리의 엄마가 전화를 넘겨받았다.

“E.B., 엄마 좀 바꿔주겠니?” 메리의 엄마 도리였다.

나는 엄마에게 전화기를 들이밀고 거실로 달려가 소파에 몸을 던지고는 쿠션과 양털 담요 속으로 파고들었다.

이제 끝이다. 이렇게 될 줄 알았다. 메리는 이제 나에게 말을 걸지 않을 것이다. 나는 정말 최악의 친구다.

하지만 메리는 그렇지 않았다. 그로부터 48시간도 채 지나지 않아 학교로 돌아간 첫날 메리는 나에게 곧 있을 자기 생일 파티 계획을 말해줬다. 심지어 처키가 아직 냉동고의 브리검 아이스크림 옆에 있다는 농담까지 했다. 초봄이라 흙이 아직 단단해 사체를 묻을 수 없었기 때문이다. 난 충격을 받았다. 얼음을 가득 담은 비닐봉지에 햄스터를 담아 돌려주었는데도 어찌 된 일인지 메리는 여전히 친절하고 이해심 많으며 온화했다. 몇 년 후 메리는 당시에 대해 이렇게 말했다. “그건 말이야, 우리가 휴가를 떠났을 때 이미 처키는 평균 수명을 거의 다한 상태였기 때문이었어." 우리는 오랜 세월이 지난 지금도 여전히 친하다. 햄스터의 죽음은 우리 사이를 가깝게 했을 뿐이다.[6] 메리는 나라면 이해하지 못했을 사실을 이해해주었다. 어쩌면 나는 내가 다 망쳤다고 자책하느라 이해할 틈이 없었는지도 모른다. 하지만 상냥한 메리는 내가 최선을 다했다는 사실을 이해해주었다.

반려동물을 기르는 것이 정말로 어떤 의미인지를 생각해보면 한 가지 터무니없는 점이 있다. 내가 쓰는 언어를 사용하지 않고 완전히 다른 욕구와 필요를 가졌으며 나와는 전혀 다른 방식으로 세상을 이해하는, 완벽히 분리된 다른 생물 종의 평생을 맡게 되는 것이다. 이건 상당히 부담스러운 일이다. 여기에 대해 데이브 매든은 《진짜 동물The Authentic Animal》에서 이렇게 설명한다. "반려동물 애호가라면 누구나 사람과 동물 사이의 애정을 만들어내는 것이 양육권과 비슷한 개념이라는 사실을 안다. 이 동물의 목숨이 나의 책임이 되는 것이다. 그래서 반려동물의 죽음은 박탈감과 개인적인 수치심이 혼합된 불안을 느끼게 한다." 반려동물을 키우는 과정에 따르는 책임감은 아이를 돌볼 때와 비슷하다. 영양분을 공급하고, 필요하

---

6  처키가 죽으면서 메리의 부모님이 재스퍼라는 이름의 웨스트 하이랜드 화이트 테리어 강아지를 사주셨다는 사실에 주목해야 한다. 그러니 어떤 면에서 보면 메리는 내게 빚을 졌다.

면 의사에게 데려가고, 지루하지 않게 놀아주고, 애정을 담아 씻겨야 한다. 하지만 반려동물은 결코 독립하는 법이 없다. 대학에 진학하거나 스스로를 돌볼 수도 없다. 평생 우리에게 의존하는 것이다. 내 친구 매트에 따르면 그가 키우는 고양이 미니는 그의 삶의 한 부분일 뿐이지만 미니에게 매트는 삶의 전부다. 이것은 굉장한 책임감을 동반하며 언젠가 우리는 불가피하게 그 일부를 망칠 것이다. 또 그 생명체가 우리에게 매우 의존하고 있는 만큼, 동물이 죽었을 때 우리가 죄책감과 후회를 느끼지 않기는 어렵다. 비록 우리가 그 죽음에 전혀 관여하지 않았더라도 말이다.

몇몇 사람은 부주의로 반려동물의 죽음을 초래하기도 한다. 이 책을 쓰기 전까지는 얼마나 많은 사람이 자신이나 가족 구성원이 직접적으로 일으킨, 트라우마가 생길 만큼 폭력적인 동물의 죽음을 겪었다는 걸 몰랐다. 어린 시절에 키우던 모래쥐가 진공청소기에 빨려 들어가거나 새로 들인 새끼 고양이가 부주의한 부모님의 자동차에 치인 일도 있었다. 개가 우체국 트럭을 따라 거리로 뛰쳐나오거나, 고양이가 백혈병으로 서서히 자신의 곁을 떠나는 장면을 상상하며 자신의 반려동물이 죽을 가능성을 강박적으로 생각하는 보호자가 이토록 많을 줄 몰랐다. 사실 동물을 키우다 보면 무슨 일이든 벌어질 수 있고, 그 일이 일어나기 전에는 아무것도 알 수 없다.

아무리 주의를 기울이고 최선을 다해도 사고는 일어나

기 마련이다. 사이 몽고메리는 《문어의 영혼》에서 보스턴 뉴
잉글랜드의 아쿠아리움에서 선임 관리자로 일하는 빌 머피에
대해 썼다. 머피는 일하는 내내 아쿠아리움의 문어들이 최고
의 삶을 살 수 있도록 애썼다. 아기 문어 칼리가 수조에 비해
너무 커지자 머피는 더 넓은 수조로 칼리를 옮겼다. 하지만 칼
리는 탈출했고, 결국 수조 앞쪽 바닥에서 말라 죽었다. 몽고메
리는 이렇게 적었다. "이처럼 꼼꼼하고 주변을 잘 보살피는 사
람이 돌보는 동물 중에서도 가장 똑똑하고 활발하며 사랑받
는 동물을 잃었다는 것은, 그리고 최악의 경우 자기 실수 때문
에 그렇게 되었다는 것은, 잔인한 데다가 우주적으로 잘못되
었다. 흐느끼는 빌의 슬픔이 나를 뒤덮는다." 그 사건에서 아
이러니한 부분은 칼리가 동물들을 위해 세균과 곰팡이를 죽
이는 소독제인 버콘을 뿌린 매트에 몸이 닿아 죽었을 수도 있
다는 것이다. 몽고메리는 "만약 그랬다면 죽기 전까지 참기 힘
들 만큼 고통스러웠을 것이다. 이 부분이 아이러니하다. 칼리
의 죽음은 자신을 사랑하는 인간들이 가능한 한 최고의 삶을
누리게 해주려는 노력과, 자신을 위험과 질병으로부터 보호
하려 애쓴 탓일지도 모른다." 우리는 정말 열심히 애쓰고 있
지만 사실은 꽤 서투른 존재들이다. 사람은 모든 것을 예측하
거나 미리 준비할 수 없다. 그래도 우리는 자신의 실패에 깊은
죄책감을 느끼는 보호자나 주인이라는 역할을 맡아야 하고,
이 점은 생각해볼 부분이 있다.

실패를 직감하는 가슴 아픈 상황은 무척 다양하다. 한 친구는 수술을 감당할 만큼의 기력이 없었던 개를 어떻게든 살리고자 수술을 감행했다가 결국 안락사를 선택한 자신의 이모에 대해 말해주었다. 또 다른 친구는 세탁물 바구니를 들고 가다가 실수로 의자를 넘어뜨려 키우던 세네갈앵무인 다르지를 심하게 다치게 했고, 결국 죽게 한 적이 있었다. 인간은 너무 늦을 때까지 반려동물의 증세를 부인하거나 무시하고, 가끔은 적극적인 방식으로 포기하기도 한다.

엄마는 5학년 때 겪은 처키 사건으로 열흘이 넘게 속상해하셨지만, 이듬해인 1999년 봄 내가 펠릭스라는 이름의 기니피그를 갖도록 허락했다. 내가 처키의 죽음에 책임을 느낀다는 사실을 안 엄마는 상실의 상처를 치유하는 가장 좋은 방법은 새로운 동물을 집으로 맞이하는 것이라고 생각하셨다 (어떻게 보면 악순환이지만 말이다). 보다 중요한 사실은 나 역시 이 기니피그가 새로운 출발처럼 느껴졌다는 점이다. 이건 내가 작은 설치류 동물 친구를 돌볼 수 있음을 증명할 기회였다. 처키는 아주 늙었기 때문에 죽음을 피할 수 없었고, 우리 집에서 보살피는 동안 우연히 그렇게 되었을 뿐이다. 하지만 동물을 보살피는 일이 항상 순조로웠던 건 아니다.

기니피그 펠릭스는 부끄러운 비밀 중 하나다. 내 친구들 대부분이 내가 그런 동물을 키웠다는 사실을 모른다. 지금껏 나는 어떻게든 펠릭스에 대해 말하지 않으려 애썼다.

그 사정은 다음과 같다. 엄마와 함께 벌링턴에 있는 애완동물 가게 펫코에 가서 핼러윈 에디션 오레오 과자처럼 몸 가운데에 주황색 줄무늬가 있는 짙은 갈색의 기니피그 한 마리를 골랐다. 나는 펠릭스라는 이름을 지어주었다. 하지만 집에 온 펠릭스는 계속해서 나를 물어뜯었다. 이건 꽤 큰 충격이었다. 동물을 다루는 데 어려움을 겪은 것은 태어나서 처음이었다. 같이 놀려고 우리에서 들어 올릴 때마다 펠릭스는 거칠게 달려들며 손가락을 깨물었다. 우리를 청소하는 일도 불가능했다. 나는 펠릭스를 쓰다듬어보고 말을 걸었으며, 펠릭스가 나에게 익숙해지도록 우리 근처에서 시간을 보냈다. 하지만 어떻게 해도 물어뜯는 문제는 해결되지 않았다. 결국 나는 포기했다. 그동안 내가 키운 동물들은 '죽음이 우리를 갈라놓을 때까지'가 기본 원칙이었다. 하지만 펠릭스에게는 보호자의 책임을 다하지 못했다. 나는 펠릭스가 무서웠고, 이후로는 방치하게 되었다. 심하게 공격할 게 뻔했기 때문에 우리 청소도 그만두었다. 잠깐 멈춰 들여다보지도 않고 먹이도 우리 안에 내던졌다. 급기야 나는 펠릭스의 우리 주변을 피하기 시작했는데, 하필 그곳이 뒷문으로 통하는 복도였기 때문에 꽤나 불편했다. 펠릭스 옆을 지날 때는 눈을 내리깔았다. 방치하고 있다는 수치심과 죄책감이 견딜 수 없을 정도였다. 처키에게는 진심으로 최선을 다했지만 펠릭스에게는 더 이상 애쓰지 않았다. 마침내 엄마가 문제를 직접 해결하기로 하고 펫코에 기니피그를 돌려주었다. 엄마와 다툴 필요도 없었다. 나는 단념했다.

펫코에서 돌아온 엄마를 보니 너무 부끄러웠다. 나는 같이 가지도 않았지만 엄마는 내게 아무 문제가 없었다고 말했다. 펠릭스를 가게에 돌려줄 수 있었고, 다행히 그 기니피그를 집으로 데려가겠다는 여성이 있었다고 했다. 엄마는 그 사람이 기니피그를 키운 경험이 많기 때문에 펠릭스를 훈련시켜 잘 돌볼 것이라고 장담했다. 그때 엄마의 이야기를 완전히 믿었는지는 잘 모르겠다. 믿고는 싶었지만, 어쩌면 펫코 직원들이 펠릭스를 가게 뒤로 데려가 안락사를 시키지 않았을까 하는 생각도 들었다. 마음 깊은 곳에서는 이게 더 가능성 높은 이야기라는 사실을 알았기에, 펠릭스에 대해서는 지금까지도 죄책감을 느낀다.

반려동물을 포기해야 할 만큼 해결하기 힘들고 슬픈 사연을 가진 사람들도 있다. 강아지가 갓난아기에게 공격적으로 굴 수도 있고, 보호자가 다른 나라로 이민을 가거나 생활고로 지원을 받아야 할 수도 있으며, 병세가 지속될 수도 있다. 어떤 사람들은 내가 펠릭스에게 그랬던 것처럼 키우기가 너무 힘들어서 포기하기도 한다. 동물을 사랑한다는 사람은 많지만, 모두가 다 동물을 돌보는 데 들어가는 엄청난 수고와 노력을 이해하는 것은 아니다. 제발 새끼 고양이나 강아지를 키우게 해달라고 졸라놓고 결국 어른들에게 떠넘기는 아이가 얼마나 많은가? 2000년대 초반에는 수많은 사람이 패리스 힐튼을 보고 치와와를 입양했다가 작은 개를 돌보는 데 지쳐 보호소로 넘겼다. 또 매년 부활절 이후 약 한 달 동안 동물보호소에 토끼들이 물밀 듯 들어오는데, 아이들이 부활절 선물로 토끼를 받았다가 몇 주 지나지 않아 지겨워하기 때문이다.

2020년 봄에 코로나19 팬데믹이 시작되면서는 미국 전역의 동물보호소가 정반대의 문제에 직면했다. 동물이 고갈된 것이다. 팬데믹을 겪던 수많은 사람이 고양이와 강아지를 입양했다. 늘 입양을 기다리는 동물들이 여러 페이지에 걸쳐 쌓이던 보호소의 홈페이지에는 입양 가능한 동물이 한두 마리밖에 남지 않았고, 심지어 그마저도 보호소에 문의 전화를 할 때쯤이면 다른 사람이 채 간 뒤였다. 코로나19 팬데믹 기간에 동물을 입양하려던 사람들은 당장 얻을 수 있는 자원에 만족해야 했다. 애완동물 가게도 수요를 맞출 수 없었고, 개 훈련 수업은 인원이 꽉 찼다. 공원에는 산책 나온 강아지들이 넘쳤다. 좋은 일이다.

하지만 이 책을 쓰기 위해 인터뷰한 많은 수의사가 팬데믹 이후를 걱정했다. 일상으로 돌아간 사람들이 하루에 8~10시간은 집을 비울 테고, 그동안 개를 산책시킬 사람을 찾거나 맡길 업체를 찾을 정도로 책임을 갖고 개를 돌보지 못하는 사람들 때문에 결국 보호소는 원래대로 돌아갈 거라는 우려였다.

반려동물과 함께하는 동안에는 우리가 최선을 다해도 여전히 미진한 부분이 생기거나 그런 기분이 들기 마련이다. 동물들의 복지와 행복에 대한 결정은 결코 깔끔하고 간단하게 내려지지 않는다. 어떻게 사람인 보호자가 기니피그의 머리에서 무슨 일이 일어나고 있는지 진정으로 이해할 수 있을까? 우리는 이해할 수 없다. 여기에 반려동물을 돌보는 데 따르는 커다란 역설이 있다. (내가 기니피그에게 그랬던 것처럼) 여러분이 반려동물을 방치하지 않았더라도, 그리고 동물이 최고의 삶을 누리도록 최선을 다했더라도(메리가 처키에게 그랬던 것처럼), 대부분은 언젠가 반려동물의 죽음을 직접 책임지게 된다. 물론 요즘은 영화 〈올드 옐러Old Yeller〉처럼 동물에게 방아쇠를 당기지 않는다. 하지만 마음의 결정은 필요하다.

이 문제는 관련 통계를 찾기가 까다롭다. 동물보호단체인 미국 휴메인 소사이어티에서는 매년 보호소에 수용되는 600만~800만 마리의 개와 고양이 가운데 300만~400만 마리가 안락사하는 것으로 추산한다. 하지만 동물병원이나 가정에서 진행하는 안락사의 통계는 찾기가 더 어렵다. 제시카 피어스는 저서 《마지막 산책》에서 "우리가 확실히 아는 것은 자연사하는 동물보다 주삿바늘에 죽는 동물이 훨씬 더 많다는 것이다"라고 말한다. 요즘은 자연사하는 반려동물이 드문 것 같다. 205마리의 반려동물을 대상으로 한 연구에 따르면 보호자의 70퍼센트가 마지막에 동물의 안락사를 선택했다.

하지만 지금이 적당한 때라는 것을 어떻게 정할까? 동물들은 결코 우리에게 말해주지 못한다. 물을 마시지 않거나 먹이를 거부하고, 좋아하는 활동에 흥미를 잃는 모습으로 힌트를 줄 수는 있지만 확실한 의사를 알 방법은 없다. 그래서 사람들은 다른 누군가, 또는 무언가가 언제 결정을 내려야 할지를 말해주기를 간절히 바란다. 앨리 코티스 박사는 터프츠대학 수의학과에서 공부할 때 자신을 찾는 고객들에게 이렇게 말하도록 배웠다고 한다. "당신의 반려동물이 가장 좋아하는 세 가지 활동을 떠올려보세요. 산책하고, 호수에서 수영하고, 공을 쫓아가는 일. 이런 활동을 더 이상 할 수 없을 때가 아마도 안락사를 선택할 때일 거예요." 또 다른 수의사인 베넷 킹 박사는 펜실베이니아대학교에서 진행한 수업 가운데 '슬픔 카운슬러'를 통해 사람들이 반려동물의 죽음을 탐색하고 아이들에게 내용을 전달하는 법을 가르치는 내용이 있었다고 말했다. 킹 박사에 따르면 수의과 대학에서도 꽤 많은 시간에 걸쳐 안락사의 적기를 찾는 방법을 연구한다.

하지만 수지 핀첨 그레이 박사는 저서인 《나의 동물 환자와 다른 동물들My Patients and Other Animals》에서 이렇게 말한다. "슬퍼하는 고객과 상담하거나 일반인이 이해할 수 있는 적절한 단어로 복잡한 질병을 설명하고, 누군가의 분노가 종종 두려움의 표시라는 사실을 알려주는 법을 익히는 것은 수의과 대학의 졸업 요건에 없었다." 심지어 오늘날 여러 수의과 대학에서 고객을 연기하는 배우들과 예행연습을 하지만 실제 상황에서는 별 도움이 되지 않는다고 한다.

모든 상황이 다르고 모든 동물이 다 다르다. 이때 우리만큼 그 동물을 잘 아는 인간은 없다. 타이밍이 언제인지는 우리 스스로 알아내야 하고, 그런다 해도 그 과정이 더 쉬워지지는 않는다. 보스턴의 한 지역 교구에서 반려동물을 잃은 상실감을 뜻하는 '펫로스' 치유 모임을 운영하는 유니테리언 교회의 성직자 일라이자 블랜처드는 이렇게 말한다. "항상 너무 늦거나 너무 이르죠." 상당수의 보호자가 안락사에 대한 결정을 최대한 미룬다. 아마도 다가오는 반려동물의 죽음을 부정하려는 행동일 것이다. 안락사는 종종 최후의 수단으로 여겨진다. 사람들은 다른 모든 수단을 다 동원했는지 확인한 다음에야 그 주삿바늘을 고려한다.

내가 궁금한 건 이것이 타인의 시선을 신경 쓰기 때문인지 아닌지의 여부다. 사람들은 힘들고, 슬프고, 돈이 많이 드는 죽음을 피하기 위해 안락사로 뛰어들어 반려동물을 지나치게 빨리 '포기하는' 보호자로 비치고 싶지 않을 것이다. 하지만 나와 대화를 나눈 보호자들은 반려동물을 떠나보내고 한참 후에야 비로소 단지 보내기 싫다는 이유로 자기들이 동물의 고통과 고생을 얼마나 오래 끌었는지 깨달았다. 코티스가 말한 기준인 "가장 좋아하는 세 가지 활동이 가능한가"를 적용해도, 아직 괜찮아 보이는 경우가 있고 그렇지 않은 경우가 있다. 보호자들은 전자에 초점을 맞춰 아직 때가 아니라고 스스로를 설득하기 쉽다. 그리고 동물들은 당연히 질병이나 고통의 징후를 감추도록 진화해왔다. 약한 모습을 보이면 야생에서 다른 동물의 먹이가 되기 때문이다. 대부분의 반려동물은 자신이 다쳤거나 아픈 모습을 보호자에게 보여주지 않으려고 어떻게든 애쓴다. 그렇기에 사람들이 증상을 알아차렸을 때는 이미 심각하고 치명적인 상태인 경우가 많다.

안락사를 항상 최후의 수단으로 여긴 것은 아니다. 안락사에 대한 인식은 시간이 지나면서 바뀌었다. 예전 사람들은 지금보다 훨씬 빨리 안락사를 택했다. 2017년 여름에 사라토가 경마 코스에서 말을 치료하는 수의사인 스티븐 카Stephen Carr 박사와 이야기를 나눈 적이 있다. 40년 동안 수의사로 일해온 카는 이렇게 말했다. "예전에는 동물을 반려라기보다는 도우미로 여겼죠." 카에 따르면 1940년대에는 부상을 입은 말을 치료하는 과정이 너무 고통스럽거나 돈이 많이 들면 누구도 그 말을 안락사하는 데 주저하지 않았다. 게다가 당시의 조련사들은 말이 부상에서 회복할 수 있다 해도 더 이상 경주에서 뛰지 못한다면 말을 살려둘 의미가 없다고 여겼다. 카는 이렇게 말했다. "하지만 이제는 안락사에 의문을 제기하는 사람이 훨씬 많죠." 수의학이 발전하면서 과거라면 절망적이었을 상황에서 치료에 성공하고 전보다 더 많은 말을 살릴 수 있게 되었다. 이렇게 기회가 생기면 살려야 할 의무가 따른다. 동물을 순전히 실용적으로만 보았던 사람들의 인식이 바뀐 것이다.

분명하게 말해두자. 수의사도 결코 좋아서 동물을 안락사시키는 게 아니다. 카의 트럭에 앉아 이런 대화를 나누는 동안 말 구급차 한 대가 사라토가 경마장에서 나와 우리를 지나쳤다. 카는 구급차가 지나갈 때 안을 들여다보았다. "아, 다행이네요." 카가 말했다. "안이 비어 있네요. 항상 이랬으면 좋겠는데." 안락사는 그들의 업무이기도 하지만, 수의사들은 언제나 치료가 가능하기를 바란다. 대부분의 수의사는 동물들의 목숨을 빼앗는 것이 아니라 돕고 싶어서 이 직업을 선택했다.

하지만 수의사의 업무 중에는 사람들이 미처 떠올리지 못하는 일도 많다. 매사추세츠주 브루클린에 있는 동물병원의 수의사 인두 마니Indu Mani 박사의 말로는 "동물을 사랑하고 동물과 함께하는 직업을 찾으려고 수의학과에 들어오는 사람이 많지만, 그들은 동물들을 돌보는 과정에는 그 동물의 보호자를 돌보는 과정이 수반된다는 사실은 미처 몰랐다"라고 한다. 그 말을 듣자니 내가 중학교에서 처음 교사 일을 시작했을 때가 떠올랐다. 개학을 앞두고 수업을 준비하면서 과연 학생들을 제대로 가르칠 수 있을지를 걱정했지만, 막상 9월이 되자 학부모를 상담하고 위로하느라 시간을 다 빼앗기고 말았다. 전혀 생각하지 못한 일이었고, 아무도 여기에 대해 나에게 미리 말해주지 않았다. 사실 수의사들은 매일 사람들과 무척 불편한 대화를 나누고, 동물을 대할 때 더 편안함을 느낀다고 한다.

마니 박사는 "어떤 의사도 갓난아이부터 노년에 이르기까지 모든 연령의 환자를 다 돌보지 않지만, 수의사들은 그렇게 한다"라고 지적했다. "소아과 의사인 동시에 노인과 의사가 되어야 한다는 건 힘든 일이죠." 나는 수의사들이 그렇게나 다양한 종과 품종에 대한 해부학적 지식이나 건강상의 위험을 꿰고 있다는 사실에 항상 감명받는다. 그에 비하면 사람을 치료하는 의사는 호모 사피엔스라는 한 종만 알면 된다. 게다가 인간을 대상으로 한 의학은 전문 분야가 나뉘어 있고, 많은 의사가 자신이 맡은 인간이라는 종의 일부에 대해서만 전문가이다. 물론 세부 분야의 전문가가 되는 경향은 수의학에서도 점점 더 널리 퍼지고 있다. 수의과 대학에서 학생들은 종종 작은 동물(개와 고양이), 큰 동물(소와 말), 외래 동물(파충류나 새, 고스족 친구들이 키우는 타란툴라 거미) 가운데 한 분야를 골라 집중해서 공부한다. 이제는 동물 행동학자, 종양 전문, 심장 전문, 피부과, 정형외과, 치과, 안과 전문 수의사도 있다. 아마 이것보다 더 다양할 것이다.

하지만 전문 분야나 동물 종과 상관없이 수의사가 반려동물에 관해 보호자와 얘기해야 한다면 퍽 힘든 대화가 이어진다. 예컨대 수의사라면 이런 질문을 던져야 한다. "강아지의 수명을 몇 개월 연장하는 수술에 1만 달러를 쓰시겠어요? 경제적으로 감당할 수 있나요?" 어떤 이들은 얼마가 들더라도 반려동물을 구하기 위해 모든 수단을 다 동원하지 않으면 매정한 일이라고 주장한다. 할머니의 생명을 연장하는 데는 1만 달러를 쓸 텐데 왜 강아지는 안 되는가? 반면에 어떤 사람들은 동물에게 그렇게 많은 돈을 쓰는 것은 터무니없다고 말한다. 한 마리의 개이지, 여러분의 할머니가 아니기 때문이다. 반려동물을 구하는 데 필요한 모든 수단을 동원하고 싶지만 그럴 여윳돈이 없을 수도 있다. 하지만 애초에 그런 액수를 감당할 수 없다면 반려동물을 가져서는 안 된다고 말하는 사람도 있다. 동물을 완전히 치료하거나 수명을 많이 연장시키지 못할 바에는, 고통스러운 수술이나 항암치료가 오히려 잔인하다고 생각하기도 한다. 동물 환자에게는 사람 환자처럼 어떤 과정이 진행되는지를 설명할 수 없기 때문이다. 그리고 안락사를 상대적으로 저렴하고 쉬운 해결책으로 여기는 사람들도 있다. 서로 대비되는 다양한 관점이 존재하는 상황에서 수의사들은 그 사이로 사람들을 안내해야 한다. 또 다른 수의사인 케이티 모이니한 박사는 화가 나거나 괴로워하는 고객들에게 "전위 공격성(공격을 유발한 대상이 아닌 무고한 대상에게 공격성을 표출하는 행동—옮긴이)"이 나타나는 경우가 많다고 말했다. "이건 우리가 고양이들의 행동 문제에 대해 사용하는 용어지만 사람에게도 적용할 수 있죠. 수의사가 나쁜 소식을 전하면 그에게 비난의 화살을 돌리는 일이 많아요."

수전 P. 코헨도 동물 보호자로 동물병원에 갔을 때 고객과 수의사 사이의 이런 긴장과 초조함을 느꼈다. 사회복지학 박사 학위를 갖고 있는 코헨은 수의사에게 건강이 걱정되는 고양이를 데려갈 때 얼마나 긴장하고 있는지 깨달았고, 동물병원에도 사회복지사와 비슷한 역할을 하는 사람이 있어야 한다고 생각했다. 의료 용어를 일상 언어로 번역해서 수의사와 고객이 대화를 나누며 어려운 결정을 내리거나 장단점을 비교할 수 있게 돕는 사람 말이다. 사람이 다니는 병원은 환자를 감정적으로 지원하는 자원이 가득한데 왜 동물병원에는 이런 자원이 없을까? 또 코헨은 동물병원에는 더 많은 것이 필요하다고 생각했다. 반려동물의 건강과 웰빙뿐 아니라 사람의 정신 건강과 웰빙에 특화된 사람도 있어야 한다고. 코헨은 뉴욕에 있는 동물 의료 센터에 '반려동물을 위한 메이요 클리닉'을 만들자고 제안했고, 센터는 기꺼이 받아들였다. 코헨은 직접 자신이 어떤 일을 할 것인지를 설명했고, 28년 동안 그 역할을 하며 상황을 조정하고 변경하는 방법을 발견했다. 코헨은 자신이 고객들뿐만 아니라 수의사들에게도 도움이 된다는 사실을 알게 되었고, 수의사들이 동물뿐 아니라 사람들을 마주할 수 있도록 도왔다. 코헨은 이렇게 설명했다. "수의사들은 종종 보호자를 전혀 살피지 않고 동물만 바라보며, 보호자가 자신에게 이런저런 수다를 떨면 짜증을 냅니다. 하지만 그 사람은 외로워서 수다를 떠는 게 아니라 동물과 관련한 결정을 내리는 데 도움을 청하는 거죠." 코헨은 고객들이 결정을 내리고, 자신의 생각을 정리해 얘기하고, 까다로운 문제를 설명할 수 있도록 도왔다. 그뿐만 아니라 수의사와 고객들 사이의 투명성을 높였다. "예전에는 수의사들이 보호자에게 반려동물을 안락사시키는 자리에 들어올 수 없다고 말했죠. 고객들이 눈앞에서 벌어진 일에 너무 충격을 받아서 실신해 머리를 부딪치고는 소송을 걸지도 모른다고 변명하면서요." 코헨은 화가 나서 한숨을 쉬었다. "저는 수의사들에게 이렇게 말했어요. '좋아요, 그럼 고객들에게 의자와 티슈를 가져다주고 이제 무슨 일이 벌어질 건지 먼저 설명하세요.'" 그 말을 듣고 나는 웃었다. 하지만 말이 되기는 했다. 수의사들 역시 실수할까 두려워하고 다른 사람에게 상처를 주고 싶지 않은 사람들이다. 그리고 상당수의 수의사가 (코헨의 표현대로) "자부심 있는 내향형"이라면 본능적으로 어려운 도전을 앞두고는 고객을 문 밖에 둔 채 자기 일을 하는 게 마음 편할 것이다.

　수의사의 일은 책임이 무겁다. 마니는 수의사가 된 이래 가장 절망스럽고 화가 나는 경우가 동물을 치료할 방법은 있는데 보호자가 비용을 충당할 여유가 없을 때라고 말했다. 나와 대화한 몇몇 수의사도 차라리 돈을 받지 않고서라도 살리고 싶었다며 비슷한 감정을 표출했다. 마니도 무거운 한숨을 내쉬며 이렇게 덧붙였다. "하지만 우리 수의사들이 무료로 동물을 보살필 수는 없어요. 서비스를 수행하려면 비용을 청구해야 하죠."

수의사들은 사람을 대상으로 하는 의사들과 달리 항상 경제적인 측면을 큰 부담으로 안고 있다. 사람은 반려동물에 비해 의료보험을 가진 경우가 많고, 보험이 없다 해도 간혹 환자에 대한 치료를 거부하지 않는다는 규정이 있는 병원에서 치료를 받을 수 있다. 사람을 대상으로 하는 의사들은 수의사처럼 환자의 치료 비용을 고려하거나 이에 대해 대화하도록 훈련받지 않는다. 그들의 전문 분야에서 사람에 대한 안락사는 선택사항이 아니기 때문에 가능한 한 모든 치료법을 시도하도록 교육을 받는다. 병든 사람을 치료할 때 돈이 좌지우지하게 해서는 안 된다. 눈이 튀어나오게 비싼 수술? 매주 해야 하는 값비싼 화학요법? 깁스나 교정기, 물리치료, 약에 따르는 비용? 의사는 윤리적으로 이 모든 수단을 시도할 의무가 있으며 보험 회사에 청구서를 보낼 수 있다(아니면 환자에게 막대한 의료비 부채를 떠안길 수 있다). 하지만 코티스가 지적한 바에 따르면 이런 이유로 가끔은 의사들이 어떤 상황에서건 무조건 치료를 하려 든다. 나는 내가 알고 있던 암환자들이 떠올랐다. 그들은 사망 일주일 전까지도 방사선 치료를 받고 있었고, 담당 의사는 그 질병과 너무 열심히 '맞서 싸운' 나머지 아무리 많은 치료를 행해도 결국 죽음이 다가오고 있다는 사실을 스스로와 환자 본인, 그들의 가족들에게 부인하고 있었다. 한편 반려동물 보험은 최근에 와서야 좀 더 보편화되었고, 대개 인간을 대상으로 하는 보험보다 보장 범위가 훨씬 좁다. 그렇기 때문에 수의사들은 치료 효과와 그 비용에 대해 동물 보호자들과 어려운 대화를 나눠야 한다. 여러분의 강아지 수명이 일주일 연장된다면 1만 달러를 지불할 가치가 있을까? 한 달은? 1년은 어떤가?

　상황이 이렇다 보니 그렇게나 많은 수의사가 '공감 피로', 즉 지속적으로 공감 능력을 발휘해야 하는 데서 오는 감정적, 육체적 피로에 시달리는 것도 놀랄 일이 아니다. 공감 피로가 계속되면 공감 능력이 떨어지거나 무심해지기도 한다. 수의학 분야에서 그토록 '번아웃' 현상이 잦은 것도 이런 이유에서다. 상당수의 수의사가 10년 정도 일하고 난 뒤로는 연구나 교육에 전념한다. 매일 병원에서 일하는 것은 너무 힘들다.

　미국에서 수의사들은 10만 달러에서 50만 달러의 부채를 지고 졸업하지만, 빚을 갚기가 어렵거나 심지어 불가능할 정도로 급여 수준은 여전히 낮다(온타리오주에서는 도나 로스와 그녀의 남편인 피터 슈미트가 이 엄청난 부채를 경감시키기 위해 겔프 대학 수의학과 학생들에게 장학금을 주기 시작했다. 부부가 키우던 개 달우드를 기리기 위한 달우드 메모리얼 장학금이다). 이런 재정적 스트레스에 공감 피로, 장시간의 근무, 작은 병원에서 느끼는 고립감이 더해지고 화가 난 고객들에게 괴롭힘을 당하는 일이 잦아지면 정말 견디기 힘들어진다. 그뿐만 아니라 수의사의 일터에는 항상 죽음이 따른다. 다른 분야의 의료 전문가에 비해 수의사들은 약 5배 더 환자들의 죽음과 마주한다. 게다가 종종 동물 장의사 역할을 하도록 강요받기도 한다.

2019년 1월, 미국 질병통제예방센터(CDC)에서는 미국에서 일하는 수의사들의 사망률을 조사하는 최초의 연구 결과를 발표했다. 그 결과 1979년에서 2015년 사이 남성 수의사는 전국 평균보다 2배 더, 여성 수의사는 3.5배 더 많이 스스로 목숨을 끊는 것으로 나타났다. 2015년 CDC의 연구에 따르면 수의사 6명 중 1명이 자살을 생각했다고 한다. 실제로 이 책을 쓰면서 이야기를 나눈 거의 모든 수의사가 자신의 동료들의 자살률이 높다고 말했다.

2019년, 이 연구의 주요 저자였던 수전 토마시 박사는 수의사들이 치명적인 약물을 적절하게 투여하는 방법을 알고 있기 때문에 자살 시도에서 성공할 가능성이 일반인보다 높다고 지적했다. 사람을 대상으로 하는 대부분의 의사가 누군가를 죽이는 훈련을 받지 않는 것과는 다르다. 수의학과에서 종양학자로 일하는 필립 버그먼Philip Bergman 박사는 스스로 목숨을 끊은 3명의 동료 종양학자와 수의학과 동급생을 기억한다. 버그먼은 이렇게 설명한다. "수의학이라는 분야는 놀랄 만큼 똑똑하고 IQ는 높은 반면 EQ는 낮은 사람들을 끌어들이는 경향이 있습니다." 감성지능지수라고도 하는 EQ는 자신의 감정과 다른 사람의 감정을 알아채고 통제하는 능력을 측정한다. 상당수의 수의사가 자신의 직업이 야기하는 감정적 대가라는 큰 부담과 책임에 준비가 되어 있지 않은 것 같다. 베넷 킹 박사도 수의과 대학에서 여러 번 경험했으며, 교수들은 킹과 수의과 학생들에게 "여러분은 다른 사람의 슬픔을 떠안을 수 없다"라고 강조했다.

물론 말이 쉽지 실천은 어렵다. 25년 동안 수의사로 일해온 마니는 이렇게 털어놓는다. "저는 여전히 안락사를 시킬 때마다 울어요." 버그먼도 화상 채팅에서 지금 지나가는 개는 보호자가 뼛가루를 동물병원 부지에 뿌리기로 했다며 눈물을 글썽였다. 보호자가 버그먼이 제공한 치료와 도움에 감사하는 의미로 "이 개의 일부는 여기에 머물 필요가 있다"고 말했기 때문이다. 이런 일은 처음이었다. 워싱턴의 휘드비섬에 사는 또 다른 말 전문 수의사 샌디 패리스Sandi Farris 박사는 동물을 안락사시키는 일이 얼마나 체력적으로 고되고 생생한 감각을 남기는지 설명해주었다. 덩치 큰 동물이 특히 더 힘들다. 농장에서 말을 안락사시킬 때는 은은한 조명이 있는 차분한 실내 공간 따위는 사치다. 패리스에 따르면 그 과정은 결코 "조용하고 우아하지" 않다. 때때로 안락사 전에 말이 쓰러지는 거리를 짧게 줄이기 위해 말을 억지로 앉히거나 약품을 사용해 눕히기도 한다. 패리스는 이렇게 말한다. "무게가 1200파운드(약 544킬로그램—옮긴이)인 동물이 땅에 쓰러질 때 매우 크고 끔찍한 소리가 나죠." 패리스는 보호자가 있을 때 말의 머리가 땅에 그대로 부딪치지 않도록 신경을 쓴다고 했다. 그 말을 들은 나는 약 2미터 높이에서 말의 두개골이 땅바닥에 부딪쳐 깨지는 모습이 상상돼 속이 울렁댔다. 하지만 곧 패리스가 고객의 마음이 다치지 않도록 보호하려고 애쓰는 게 얼마나 친절한 행동인지 감탄했다.

그것은 안락사라는 행위가 원래 친절한 것이기 때문이다. 버그먼은 이렇게 말한다. "저는 안락사를 축복으로 여깁니다. 동물이 고통당하지 않도록 예방하죠." 패리스는 또 안락사가 "우리가 동물에게 줄 수 있는 하나의 선물"이라고 언급했다. 수의사인 모이니한 역시 그녀가 아는 대부분의 동료는 안락사를 동물 환자들을 위해 베풀 수 있는 긍정적인 행동으로 여긴다고 말했다. "만약 동물이 자연사로 숨을 거두면 우리는 거의 실패한 느낌일 거예요." 수의사로서 그 동물의 마지막 순간을 편안하게 해주지 못했기 때문이다. 반면에 고객들은 대개 동물이 자연사했을 때 안도감을 느낀다. 힘들게 안락사 여부를 결정하지 않아도 되기 때문이다. 하지만 모이니한은 그런 경우에는 반대로 수의사들이 죄책감을 느낀다고 말한다. 마니도 비슷한 말을 한 적이 있다. "저는 동물에게 최선의 삶을 선사해야 한다는 책임을 느끼며, 동시에 최선의 죽음을 선사해야 한다고 생각합니다."

안락사를 뜻하는 영어 'euthanasia'는 '좋은 죽음'을 뜻하는 그리스어 'euthanatos'에서 유래했다. 소설가 밀란 쿤데라는 《참을 수 없는 존재의 가벼움》에서 이렇게 말했다. "개는 사람에 비하면 세상에 태어나서 그다지 좋은 점이 없지만, 그중 하나만큼은 굉장히 대단하다. 안락사가 법으로 금지되지 않았다는 점이다. 동물들은 자비로운 죽음을 맞이할 권리를 지닌다." 때때로 나는 우리가 인간이 아닌 동물 가족에게는 이 기회를 주면서 왜 인간 가족에게는 그렇게 하지 못하는지 궁금하다. 인간은 자신이 원하는 것을 우리에게 언어로 전할 수 있는데도 말이다. 패리스의 한 고객은 아픈 동물을 안락사 시키기 위해 데려와 이렇게 말했다. "이 친구가 제 어머니처럼 고통받으며 죽지 않았으면 해요." 패리스는 나에게 이 말을 전하며 한숨을 쉬었다. "우리가 같은 종족에게 이 기회를 제공하지 않는 건 말도 안 돼요." 버그먼은 자신의 할아버지가 전이성 전립선암으로 끔찍한 고통을 겪으며 죽어갈 때 이렇게 말했다고 한다. "왜 네가 개는 안락사시킬 수 있으면서, 나에게는 그럴 수 없는지 이해가 안 돼."

수의사도 사람이기에 안락사 과정이 항상 완벽하게 이뤄지지는 않는다. 동물들은 죽어갈 때나 죽은 직후 숨을 헐떡이고 소리를 내거나 경련을 일으키곤 하는데, 이 모습이 곁에서 지켜보는 사람들에게 트라우마로 남을 수 있다. 늙은 동물은 정맥의 위치를 찾기 어려운 경우도 많아 전체 과정이 지연되며, 가끔은 일반적인 측정치를 기반으로 계산한 것보다 안락사용 약제가 더 많이 필요하다. 사실 힘든 안락사 과정을 지켜본 경험도 베넷 킹이 수의과를 선택한 이유 중 하나다. 킹은 개비라는 버니즈 마운틴 도그 품종의 개와 어릴 때부터 함께 자랐는데, 나중에 개비가 늙고 병들자 킹의 가족은 개를 안락사시키기로 마음먹었다. 하지만 개비는 나이가 너무 많아서 정맥이 튼튼하지 않았고, 수의사가 상태가 나은 정맥을 찾기까지 시간이 걸렸다. 게다가 진정제와 안락사용 약제의 효과가 나타나기까지는 더 오랜 시간이 걸렸다. 지금에서야 킹은 그 약제가 개의 정맥 바깥쪽에 주입되는 바람에 몸에 흡수되는 과정이 어려워졌을 거라고 추측한다. "어쨌든 그것은 내가 지켜본 최악의 안락사 중 하나였습니다." 킹이 말했다. 우리는 한 태국 식당에 앉아 이 이야기를 나눴는데 킹은 포크를 접시 옆에 놓은 채 음식에는 손도 대지 못했다.

　　그렇지만 안락사를 완벽하게 수행하면 수의사와 고객 사이에 강한 유대감이 생긴다. 모이니한은 이렇게 말한다. "수의사가 받는 대부분의 감사 카드는 동물을 안락사시켜 준 것에 대한 내용이죠. 자기 개가 설사를 하는 이유를 알아냈다고 해서 카드를 보내진 않으니까요." 이어서 모이니한은 서쪽으로 꽤 떨어진 다른 동물병원으로 이직할 때 자신의 오랜 고객의 집으로 찾아가 직접 안락사를 진행한 경험을 털어놓았다. 모이니한이 수의사 가방을 들고 도착하자 고객은 현관문을 열며 이렇게 말했다. "지금 피자를 만들고 있어요. 와서 조금 쉬다 가세요!" 모이니한은 가족들에 둘러싸여 개의 안락사를 진행했고, 그런 다음 함께 피자에 와인을 곁들이며 2시간가량 떠난 개에 대한 이야기를 나눴다.

안락사를 언제 시행할지 계획할 수 있다는 건 우리가 주변 사람들과 함께 반려동물을 추억하며 떠나보낼 시간을 가질 수 있다는 뜻이다. 만약 반려동물의 수명이 다하고 있음을 미리 안다면 아직 살아 있는 동안 추도식을 할 수도 있다. 우리는 반려동물이 마지막 순간까지 사랑을 받으며 안전과 행복을 느낄 수 있도록 어떤 일이든 할 수 있다. 내 친구의 친구는 시위드라는 이름의 개와 함께 자랐는데, 시위드가 삶을 마칠 즈음이 되자 친구의 아빠는 동물병원으로 가는 길에 개를 맥도날드 드라이브 스루로 데려갔다. 그리고 개에게 햄버거 3개를 사주고는 이렇게 말했다. "오늘은 마음껏 먹으렴, 시위드."

내 친구 턱과 리즈의 친구들은 개를 떠나보내기 전날 밤에 큰 파티를 열어 그들의 반려동물을 알고 사랑했던 모든 사람을 초대했다. 심지어 턱시도와 실크 모자로 개를 치장하기도 했다.

작가 애니 하트넷은 키우던 보더 콜리 하비의 마지막 순간이 가까워졌다는 사실이 분명해지자 누구든 참석할 수 있는 작별 파티를 준비했다. 평소에 동물을 좋아한 친구들은 당연히 참석했지만, 하트넷은 개를 딱히 좋아하지 않았던 친구들도 쿠키와 꽃을 들고 찾아왔을 때 가장 뜻깊었다고 말했다.

나의 대학 룸메이트인 리의 가족은 열세 살 반인 저먼 셰퍼드 벨라의 안락사를 앞두고 저녁 식사로 스테이크를 만들어 함께 캘리포니아 바닷가로 드라이브를 갔다.

대니 맥베티Dani McVety 박사는 수의사가 되기 위한 수련 과정에서도 항상 동물들의 마지막 날을 기분 좋은 날로 만들자는 생각을 품고 있었다. 수의과 대학 시절 그녀는 자신이 수명을 다한 동물을 잘 다룬다는 사실을 알았다. 맥베티는 직설적인 데다 정직하며 사탕발림도 하지 않았고, 사람들도 그런 태도에 좋은 반응을 보였다. 여기에 더해 공감 피로에 대해서도 회복력이 좋았다.

나와 전화로 이야기를 나눌 때 맥베티는 이렇게 말했다. "저는 지금껏 제 일을 하면서 공감 피로를 느껴본 적이 없어요. 하루에 동물 환자 아홉 마리의 안락사를 진행할 수 있고 피곤하기보다는 매번 처음처럼 느껴지죠." 이런 맥베티의 능력은 도움이 된다. 플로리다주 탬파에서 '사랑의 무릎베개 호스피스 동물병원'을 운영하는 맥베티에게 하루에 아홉 마리의 동물 환자를 안락사시키는 것은 일상적인 일이기 때문이다. 이곳은 늙거나 아픈 동물을 돌보는 호스피스 돌봄과 반려동물을 위한 가정 방문, 집에서 안락사를 돕는 서비스뿐만 아니라 반려동물을 위한 요양 치료 서비스를 제공한다. 맥베티는 병원 일에 대해 이렇게 말했다. "지금 제가 하는 일은 사람들이 가장 연민과 공감 어린 방식으로 반려동물과 작별 인사를 하도록 돕는 거랍니다. 사람을 대상으로 하는 의학에서는 싸우고, 싸우고, 또 싸우는 법을 배울 뿐이죠. 어느 날 저는 이렇게 생각했어요. 난 대체 무엇을 상대로 싸우는 걸까?" 그렇다고 맥베티가 아픈 동물이 낫도록 돕지 않는 건 아니다. 늙거나 죽어가는 동물 환자들에게 집중하기 때문에 동물들이 생애 끝자락의 몇 년, 몇 달, 몇 주, 며칠, 몇 시간이라도 가능한 한 편안하고 행복하게 지내도록 도울 수 있다. "저는 병을 치료한다기보다 제 동물 환자들에게 의술을 베푸는 거죠." 맥베티가 설명했다. 죽음은 순환하는 생명의 일부이며 맥베티는 자신의 고객들이 그 사실을 이해하도록 도와준다. "질병이나 죽음은 의학이 실패했기 때문에 발생하는 게 아녜요." 맥베티가 말했다. "그건 생명의 자연스러운 이행 과정일 뿐이죠. 자연이 그렇게 만듭니다. 우리는 질병과 죽음을 결코 예방할 수 없죠. 다만 삶의 질을 개선하기 위해 여기 있을 뿐입니다. 그리고 전 죽음의 질을 좋게 만들고자 여기 있는 것이고요."

이런 종류의 일에 끌리는 사람은 맥베티만이 아니다. 장의사 출신인 에이스 틸튼 래트클리프Ace Tilton Ratcliff와 수의사 데릭 칼훈Derek Calhoon 박사는 플로리다주 보인턴 비치에서 '하퍼의 약속Harper's Promise'이라는 반려동물 가정 안락사 서비스를 시작했다. 하퍼는 그들과 살다 세상을 떠난 개의 이름이다. 두 사람은 안락사가 인간이 동물 친구들에게 줄 수 있는 선물이라고 믿는다. "안락사는 여러분이 반려동물을 위해 지금껏 내린 친절하고 애정 넘치는 결정의 긴 목록의 마지막 항목이 될 수 있습니다." '하퍼의 약속' 웹사이트에 두 사람이 쓴 내용이다.

래트클리프와 칼훈과 전화 통화를 했을 때 이들이 가장 먼저 강조한 것 중 하나는 팀워크의 중요성이었다. 수의사인 칼훈은 전문 의학 지식을 가졌기에 안락사용 약물을 관리하고 마지막으로 주사를 놓는 사람이다. 그리고 래트클리프는 장례 서비스에 대한 조언자 역할을 한다. "저는 의학에 대해서는 문외한이지만 퇴행성 만성 질환을 앓은 경험이 있죠. 희귀병이었기 때문에 스스로 의학 지식을 연구하면서 전문가와 일반인 사이의 통역사 역할을 할 수 있게 되었죠." 래트클리프는 칼훈의 수의학 전문 용어를 일반 고객이 이해할 수 있는 쉬운 단어로 바꿀 수 있다. 칼훈이 의료적 처치를 하는 동안 래트클리프는 질문을 던져 고객의 의사를 명확히 하고 과정을 설명하는 역할을 한다. 래트클리프의 역할은 동물병원에서 수의사와 고객 모두를 한꺼번에 지원하는 사회복지사 코헨을 떠올리게 한다. 나는 처키 사건 당시 그런 사람이 옆에 있었다면 얼마나 마음이 편하고 차분해졌을까 생각했다. 칼훈은 '하퍼의 약속'을 통한 반려동물 가정 안락사 일 말고도 한 동물병원에서 수의사로 일하는데, 이곳에서도 자체적으로 안락사를 수행한다. 그래서 칼훈은 동물병원에서 '안락사의 전통적, 임상적인 측면'을 다룰 때도 래트클리프의 역할을 하는 누군가가 있었으면 좋겠다고 말한다. 상당수의 동물병원에서는 정서적 지원과 소통이 실종되어 있는데, 가뜩이나 과로하고 자원 부족에 시달리는 수의사가 많기 때문이다. 하지만 가정 안락사 서비스에서는 수의사와 고객 모두 그들이 필요한 시간적, 공간적 자원을 누린다. 다음 차례에 진찰실을 쓰겠다고 동료를 재촉하는 수의사도 없고, 새로 들인 강아지를 데려온 가족이 겁에 질린 눈길로 엉엉 우는 다른 손님을 쳐다보지도 않으며, 망연자실한 고객이 흐느끼는 동안 신용카드를 받으려고 기다리는 접수원도 없다. 칼훈과 래트클리프는 현장을 관리하고 통제할 수 있으며, 보호자와 죽어가는 동물 모두에게 가능한 한 사적이며 편안하고 안전한 상황을 만든다. 당신이 안락사 계획을 세우고 결정을 내리면 당신의 반려동물은 자신이 가장 편안하고 안전하다고 느끼는 집에서 죽을 수 있다. 래트클리프가 미디어 플랫폼인 〈내러티블리〉에 기고한 에세이에서 말했듯이 그것은 "최악의 일이 일어나는 최선의 방법"이다.

자신들의 일에 대해 칼훈은 이렇게 설명한다. "당신이 할 수 있는 가장 중요한 일은 합리적인 예상을 하는 겁니다. 실제로 일어난 일과 예상한 바의 격차를 최대한 줄여야 합니다. 그렇더라도 여전히 끔찍한 일이겠지만 적어도 놀라움과 충격을 줄일 수는 있죠." 칼훈은 하퍼를 안락사시킨 뒤에야 비로소 자신들의 직업이 마지막 순간까지 고객들에게 얼마나 도움이 되는지를 깨달았다. 많은 수의사가 고객이 병원에서 나가고 동물 환자의 사체가 화장터로 보내지면 그것으로 지원을 끝낸다. 하지만 죽음의 순간이야말로 래트클리프가 진짜 자기 일을 시작하는 때다. 칼훈이 죽음의 물리적인 부분을 마무리 짓는 동안 래트클리프는 죽음의 감정적인 부분을 어루만진다. 그는 고객들이 사체 옆에서 시간을 보내면서 지난 기억을 떠올리며 충분히 울고, 원한다면 사진을 찍게 하며, 너무 서둘러 일어나지 않도록 다독인다. "제 생각에 대부분의 사람은 어떤 상황을 종결하는 게 무엇을 뜻하는지를 오해하고 있어요." 칼훈은 많은 사람이 종결을 감정이나 느낌의 끝이라고 가정한다고 설명했다. "하지만 사실 종결은 과정의 시작이죠. 어떤 시각이 완전해지고 현재 상황의 현실성에 대해 확신하는 겁니다. 사건이 종결되는 거지, 결코 사건에 대한 경험이 종결되는 건 아니죠."

사람들이 이런 종결의 경험에 접근하기 위해서는 여러 가지가 필요하다. 래트클리프와 칼훈은 종종 마지막 순간에 가족 구성원들이 서로 다른 것을 원하는 상황과 맞닥뜨린다. 예컨대 아내는 안락사 과정 내내 개의 곁을 지키고 개가 숨을 거둔 지 한참이 지난 뒤에도 머무르기를 바랐지만, 남편은 같은 공간에 있는 것을 견디지 못했다. 래트클리프는 이 상황을 이렇게 설명한다. "저는 남편이 자리를 떠나도 괜찮다는 사실을 아내에게 말해야 했죠. 반드시 같은 방식으로 애도할 필요는 없으니까요." 칼훈에 따르면 부부는 그 말을 듣자마자 '확실한 안도감'을 느꼈고, 상황의 초점을 그들이 아닌 죽어가는 개에게 맞출 수 있었다. 하지만 전문가들조차도 자신의 반려동물이 관련될 때는 힘들어한다. 래트클리프와 칼훈은 그들과 살다 죽은 반려동물을 추억하는 물품이 있는 선반의 사진을 보여주었다. 개의 목줄, 발자국, 그림, 사진, 사체를 태운 재와 뼈 등이었다. 두 사람은 나와 통화하면서 각기 다른 지점에서 목이 메어 울먹였다. 래트클리프는 자신이 열아홉 살 때부터 함께한 개 롤랜드가 열네 살이 되어 죽음을 맞은 일을 말했다. 한동안 아팠던 롤랜드가 마침내 마지막 순간을 맞았을 때 칼훈은 가능한 한 적은 양의 약제를 주사해 롤랜드를 안락사시켰다. 하지만 그날은 앞뒤로 휴일이 낀 긴 주말 연휴여서 화장장이 문을 닫았다. "롤랜드는 어디든 나와 함께였어요." 래트클리프가 말했다. 롤랜드는 칼훈이 만든 아름다운 관 속에 누워 3일 동안 래트클리프와 함께 다녔다. 그러던 중 래트클리프가 롤랜드의 발바닥과 코를 본뜨기 위해 미술용품점으로 가는데 칼훈이 롤랜드의 관도 가져갈 것이냐고 물었다. 그 순간 래트클리프는 자신의 행동이 애도의 과정임을 이해하고 필요한 일을 함께해준 칼훈에게 벅찬 고마움을 느꼈다. "직장 파트너가 죽은 자기 개를 3일 동안 차에 싣고 다니는 걸 아무렇지 않게 용인하는 건 보통 일이 아니었죠." 래트클리프가 옛 감정에 푹 젖어 말했다.

심지어 매일 동물을 안락사시키는 맥베티마저도 자기 개가 죽자 슬픔에 몸을 가누지 못했다. 맥베티는 수의대를 졸업하고 3년이 지났을 무렵, 성인이 된 이후 처음으로 기르던 개를 잃었다. 이미 호스피스 동물병원 일을 시작한 뒤였지만 자신이 기르던 개의 죽음은 너무나 큰 타격으로 다가왔다. 맥베티는 프로답게 이 일을 더 잘 처리하기로 마음을 다잡았다. "먼저 나 자신에게 괜찮다고 말해줘야 했죠." 맥베티가 말했다. "늘 다른 사람에게 주었던 선물을 나 자신에게도 줄 필요가 있었어요."

물론 그 반대가 더 쉽다. 자신을 탓하고, 스스로에게 화를 내고 자책하는 게 훨씬 쉽기 때문이다. 물론 나쁜 측면에 초점을 맞추고 칭찬의 바다 속에서도 부정적인 한마디를 먼저 떠올리는 것이 인간이다. 하지만 이 대목에서 우리는 반려동물들에게 배울 점이 있다. "개들은 회복력이 좋아요." 마니가 말한다. 그 말이 옳다. 구조된 동물들도 두려움, 불안, 공격성 같은 나름의 짐을 갖고 있지만 종종 혼자서 치유한다. 그들은 신뢰하고 사랑하는 법을 다시 배울 수 있다.

"사람들은 큰 책임을 느껴요." 코헨이 말했다. "사람들은 반려동물의 죽음을 무척 힘들게 받아들이며 항상 큰 죄책감과 후회를 느낍니다. '제대로 된 수의사에게 가지 않았고,

잘못된 수술을 받았고, 충분히 더 해주지 못했다'고 말이죠."
코헨이 슬픔에 빠진 반려동물 보호자들이 겪는 흔한 감정들
을 줄줄 말하는 것을 들으며 나는 고개를 끄덕였다. "하지만
저는 진화를 믿습니다." 코헨이 계속 이야기했다. "이 지독한
슬픔의 목적이 무엇일까? 우리가 사랑하는 존재의 마지막 모
습에 사로잡혀 그렇게나 신경 쓰는 이유가 무엇일까? 이건 누
구라도 죽거나 아프면 무척 세심한 주의를 기울여 그런 일이
다시 일어나지 않도록 애썼던 조상들의 후손인 우리가 가진
보호 메커니즘입니다." 그렇기에 그것은 떨쳐버리기 힘든 자
연스러운 감정이다. 그럼에도 코헨은 슬픔에 빠진 반려동물
보호자들이 주변 사람들과 이야기를 나누고 자신이 운영하
는 펫로스 지원 모임에 나오도록 격려한다. "이 모임에서 여러
분은 맞은편에 앉은 남자가 하는 이야기를 들을 겁니다. 남자
는 자신이 겪은 일에 끔찍한 죄책감을 느끼지만, 여러분은 남
자가 할 수 있는 모든 것을 다 했다고 여기죠. 그러면서 이런
생각도 들기 시작합니다. '어쩌면 나도 할 수 있는 모든 걸 다
했을지도 몰라. 그러니 나 또한 자책할 필요가 없을지도 모르
지.'" 코헨이 말한다. "우리는 열심히 노력하지만 아무도 죽음
을 면하지 못합니다."

　　이런 말이 있다. "내 개가 생각하는 내가 되게 해주세
요." 조금 진부하지만 나는 그 속에 담긴 감성을 좋아한다. 그
건 확실히 열망할 만하다. 하지만 중요한 점은 당신은 이미 당

신의 개(또는 다른 반려동물)가 생각하는 그런 사람이라는 사실
이다. 당신은 개에게 먹이와 안식처를 주고, 테니스공을 던져
놀아주며, 산책시키고, 귀를 긁고 등을 쓰다듬으며 최선을 다
해 애정을 준다. 이러한 행동들이 스스로에게는 너무 단순하
거나 부족하다고 느껴질 수도 있겠지만, 사실 반려동물에게
는 이런 간단한 것들로도 충분하다.

나는 메리가 디즈니 월드에 놀러 간 동안 자신을 죽게
내버려두었다며 처키가 화가 난 채 햄스터 천국에서 나를 내
려다보고 있다고는 생각하지 않는다. 그보다는 마지막 순간
까지 미니 당근을 주고 파란 공을 굴리며 놀게 해주어서 기뻤
을 것이다. 반려동물들은 매일 우리에게 애정 어린 눈빛을 보
낸다. 그것은 사실 우리가 스스로에게 주어야 할 친절과 이해
의 표정이기도 하다. 삶이 끝나갈 무렵의 그들을 보살필 때는
특히 더 그렇다. 그러니 반려동물이 주는 선물을 받아보는 게
어떨까.

조부모님이 키우던 요크셔테리어인 사만다는 1971년
에 태어나 열일곱 살까지 살다가 죽었다. 우리는 1988년 상반
기 7개월 동안 함께 지냈다. 내가 어릴 때 할아버지는 사만다
가 어떻게 자신의 곁을 떠났는지 말씀해주신 적이 있다. 사만
다는 뇌졸중으로 쓰러져 숨 쉬기 힘들어하다가 결국 할아버
지의 품에서 숨을 거뒀다. 열일곱 살이나 되었으니 그럴 만도

했다. 헐떡이는 사만다를 발견한 할아버지가 그 작은 개를 수의사에게 서둘러 데려가 목숨을 구하기 위해 무엇이든 하려고 애썼을 모습이 눈에 선했다. 그리고 결국에는 품에 안은 채 안락사용 주사를 맞혔을 것이다.

하지만 내가 어른이 된 후에 할아버지가 털어놓은 이야기는 조금 달랐다. "사실 나는 사만다를 수의사에게 데려가지 않았단다. 뇌졸중으로 쓰러진 사만다를 들어 올려 내 품에 안은 건 맞지만 말이야." 나는 키가 183센티미터쯤 되는 할아버지가 팔꿈치를 구부려 1.8킬로그램짜리 요크셔테리어를 안고 있는 모습을 상상했다. "사만다는 머리를 비스듬히 기울인 채 헐떡이며 숨을 잘 쉬지 못했어. 그러고는⋯." 할아버지는 눈물을 글썽이며 말을 멈췄다. 할아버지는 그렇게 할 계획이 아니었고, 실제로 자기가 그런 일을 할 수 있을 거라 생각하지 못했다. 단지 이제 무엇을 해야 하는지 알고 있었을 뿐이다. 할아버지는 부드럽게 사만다를 쓰다듬은 다음 목에 가만히 손을 얹고 혹시 저항하지는 않는지 살폈다. 사만다는 반항하지 않았다. 할아버지는 손가락을 점점 더 꽉 옥죄었다. "사만다는 자기에게 무슨 일이 일어나고 있는지 알고 있었지." 할아버지가 눈물을 흘리며 말했다. "하지만 사만다는 그대로 받아들였어. 이제 끝이라는 사실을 알았던 거야." 그러는 내내 할아버지는 울었다고 한다. 이내 몸이 축 늘어지고 방광의 힘이 풀리자 그 작은 개가 숨을 거뒀다는 사실을 알게 되었다. "편히 쉬

렴, 사라 사만다." 할아버지는 이름 전체를 불러주었다. "우리
는 너를 정말 사랑했단다."

그로부터 30년이 지나 나에게 사만다의 죽음에 대해 털
어놓으면서 할아버지는 거듭 말했다. "그건 그동안 내가 해야
했던 일 가운데 가장 어려운 일이었단다." 할아버지는 자기가
한 일을 아무에게도 말하지 않았고 사만다의 죽음을 입에 올
리는 것조차 꺼렸다. 그리고 할머니를 비롯한 가족들에게 사
만다가 뇌졸중 발작을 일으켜 품에 안긴 채 죽었다고 간단히
말했다. 어느 정도 사실이기는 했지만 완벽한 진실은 아니었
다. "부끄러워서 아무에게도 말할 수 없었어." 할아버지가 고
백했다.

나도 그 이야기를 처음 들었을 때 충격을 받았다는 걸
인정한다. 10대 아니면 대학생이었을 무렵 이 이야기를 처음
듣고 깜짝 놀랐다. 하지만 나이가 들면서 그 사건을 바라보
는 내 시각은 달라졌다. 엄마는 할아버지가 보스턴 외곽 서머
빌에서 자랐지만 동네에서 염소, 닭, 카나리아를 키웠다고 했
다. 이런 시골 환경은 할아버지가 개를 직접 안락사시키는 것
을 조금 덜 낯설게 느끼도록 했을 것이다. 그리고 생각해보면,
죽어가는 요크셔테리어를 마지막 순간에 목 졸라 질식시키는
건 수의사에게 데려가 주사를 맞히는 것과 그다지 다를 바가
없다. 나는 말 수의사인 패리스와 통화하다 문득 사만다 이야
기가 생각나 할아버지가 어떻게 그런 일을 할 수 있었는지 이

해하느라 애를 먹었다고 털어놓았다.

"저런, 그건 친절한 행동이에요." 패리스가 부드럽게 말했다. 이어서 패리스는 열일곱 살이나 된 작은 요크셔테리어를 헐레벌떡 동물병원으로 데려가는 과정이 그 개에게 얼마나 큰 스트레스로 작용할지 설명했다. 온갖 시끄러운 소리와 다른 반려동물들이 일으키는 혼란 속에서 개가 느낄 스트레스를 말이다. 대신 사만다는 가장 좋아했던 곳인 할아버지의 품에서 죽었다. 다시 밀란 쿤데라의 말을 빌리자면, 사만다가 사랑하는 사람의 모습으로 죽음이 찾아온 셈이다.

그리고 그것이야말로 진정 우리가 할 수 있는 최선이다.

"산책하고,
호수에서 수영하고,
공을 쫓아가는 일.

이런 활동을 더 이상 할 수 없을 때가
아마도 안락사를 선택할 때일 거예요."

—매사추세츠주 수의학 박사, 앨리 코티스

# 4

어디서
무엇으로든
존재해준다면

죽은 거북이를 처음 본 것은 6학년을 시작하기 직전인 1999년 여름이었다. 나는 피셔스섬의 비포장도로를 걷고 있었다. 몇 년 전 키키의 첫 생일 파티를 열었던 바로 그 섬이었다. 피셔스섬에는 신호등도, 호텔도, 식당도 없고, 술집은 하나뿐이며, 대부분의 도로는 포장조차 되어 있지 않았다. 이곳은 자연을 있는 그대로 내버려두면 얼마나 빨리 원래의 자리로 돌아가는지를 상기시켜 준다. 보행로는 그 아래 나무뿌리로 인해 갈라지고 휘어지며, 등나무 같은 덩굴식물이 버려진 건물을 빠르게 점령한다. 이 작은 섬에는 토끼, 사슴, 코요테, 물수리, 야생 고양이, 거북이와 족제비과에 속하는 악명 높은 피셔까지 수많은 야생동물이 산다.

그 운명의 날, 나는 매년 여름이면 짙은 녹조류로 뒤덮여 우리 가족이 "쓰레기 연못"이라고 부르던 얕은 물웅덩이 옆을 걷고 있었다. 멍하니 돌멩이를 걷어차며 가장자리의 잔디밭으로 나아가다 편평하고 기묘한 모양의 바위를 걷어차려던 그때, 나는 뭔가를 발견하고 제자리에 멈춰 섰다. 아스팔트 덩어리인가? 아니면 타이어 조각? 그러다 나는 숨이 턱 막혔다. 새끼 거북이었다. 그것도 죽은 새끼 거북이. 사체는 새커거위아 초상이 새겨진 1달러 동전만 한 크기였고 부자연스럽게 납작했다. 마치 만화에 나오는 것처럼 껍데기에는 타이어 자국이 찍혀 있었다. 등딱지의 우둘투둘한 홈을 더듬으려 손을 뻗었지만 7월의 뜨거운 아스팔트 위에서 구워진 터라 몹시 뜨거웠다. 나는 겁에 질린 채 거북이를 바라보았다. 죽은 물고기나 죽은 새, 햄스터는 여럿 보았지만 죽은 거북이는 처음이었다. 내가 키우던 거북이들은 전부 죽기 전에 사라졌기 때문이다.

내가 처음 키운 거북이의 이름은 플라워 스피디 앤더슨 바텔스였다. 아빠와 오빠는 내가 다섯 살이었던 어느 여름날 피셔스섬의 길 한복판에서 동부비단거북 한 마리를 발견했다. 10대답게 나름의 일로 바빴던 채드 오빠는 곧 거북이에 대한 흥미를 잃었지만, 나는 이 동물에게 푹 빠졌다. 플라워는 여름 내내 유아용 비닐 수영장에서 헤엄을 쳤고, 나는 매일 아침 거북이에게 햄버거용 생고기를 한 움큼씩 던져주었다. 적어도 내게는 무척 즐거운 시간이었다. 분명 거북이는 비참했겠지만 말이다.

하지만 여름이 끝날 무렵, 아빠는 내게 동물을 '임시 보호'한다는 게 어떤 의미인지를 부드럽게 설명하려 애쓰기 시작했다. 아빠는 어떤 동물들은 잠시 우리의 일상에 들른 손님일 뿐이며, 우리는 어느 정도 즐거움을 누리다가 그들을 야생의 진짜 집으로 돌려보내야 한다고 말했다. 하지만 나는 그러기 싫었다. 그래서 렉싱턴에 있는 우리 집 마당에 작은 연못을 만들어 플라워를 여기서 키우자고 부모님을 설득했다. 하지만 플라워의 생각은 달랐던 것 같다. 플라워는 아빠가 잔디밭에 미리 파둔 큰 웅덩이 안에 홈디포에서 사온 커다란 플라스틱 통을 넣어 만든 인공 연못을 육각형 철조망으로 에워싼 지 1시간도 채 되지 않아 탈출하고 말았다. 당연히 나는 다른 모든 반려동물을 떠나보낼 때처럼 망연자실했다. 다만 이번에는 파묻을 사체가 없다는 게 달랐다. 플라워는 죽은 게 아니라 나랑 상관없는 다른 곳으로 알아서 떠났다. 이것은 나에게 혼란 섞인 슬픔을 안겼다. 처음에는 화가 났지만 플라워가 모험을 떠났다고 생각하니 조금은 위안이 되었다. 적어도 그 거북이는 죽지 않았다. 물론 결국 죽었다 해도 나는 그 사실을 알 도리가 없겠지만 말이다.

이후로도 내 손을 거친 거북이가 더 있었지만 그들 역시 플라워처럼 탈출한 뒤 자취를 감추고 말았다. 나는 이제 내가 그 거북이들을 임시 보호했을 뿐이라는 데 동의한다. 거북이들을 떠나보내면서 나는 비로소 반려동물의 죽음에서 비롯된 고통과 슬픔을 이겨낼 수 있었다. 할아버지가 주워온 찰리브라운이라는 이름의 상자거북, 크리스틴 이모가 파이 접시에 담아 우리 집에 데려온 25센트짜리 동전 크기의 냄새거북이 그랬다. 작곡가 에드바르 그리그의 이름을 따 에디라는 이름을 붙인 또 다른 동부비단거북, 그 밖의 다른 거북이들도 있었다. 거북이들은 우리 집에 며칠, 길어야 일주일 정도 머물다가 결국에는 다들 자연으로 돌아갔다.

그러던 어느 날 진짜 내 거북이가 한 마리 생겼다. 1999년 겨울, 나는 쇼핑몰의 애완동물 가게에 전시된 벨스힌지백육지

거북이 무척 맘에 들었다. 톱밥 부스러기와 미니어처 나무 집이 들어찬 가게 중앙의 육각형 우리에서 10마리 남짓한 사막거북들이 아무렇지 않게 터벅터벅 돌아다녔다. 이 거북이들은 시간이 다 되어 가는 놀이공원의 범퍼카들처럼 서로를 마구 밀치곤 했다. 거북이가 원래 멋있는 동물이기는 하지만, 이 가게의 거북이들은 특히 위엄 있고 사려 깊으며 진지해 보였다. 몇 달 동안 나는 용돈을 모아(60달러를 모았는데 이건 1999년에 중학생이 모은 액수치고는 엄청난 금액이다!) 아프리카거북 한 마리를 집으로 데려왔다. 그리고 거북이 몸의 노인 같은 주름살과 현명해 보이는 몸가짐, 그리고 《20,001가지 아기 이름》이라는 책의 A로 시작하는 항목을 참고해 아리스토텔레스라는 이름을 붙였다.

　　어쩌면 플라톤이 더 잘 어울렸을지도 모른다. 아리스토텔레스는 동굴에 갇혀 있는 것만으로는 만족하지 않았다(대다수의 사람이 동굴에 묶여 그림자만 보고 평생을 지낸다는 플라톤의 비유를 말함—옮긴이). 이 거북이는 자기가 있는 곳을 떠나 환한 바깥세상을 경험하고 싶어 했다. 매일 몇 시간이고 수조 모서리를 긁어놓았고, 머리는 유리판이 맞닿은 이음새에 눌려 있었으며, 앞다리와 옆쪽 껍데기로 유리판을 내리치고 있었다. 충분히 세게 밀면 언젠가는 유리가 깨져 자유로워지리라 생각하는 듯했다. 어쩌면 아프리카의 초원을 그리워했는지도 모른다. 자기와 함께 어울릴 다른 거북이를 찾고 싶었거나, 단순한 정신 이상이었을지도 모르지만 말이다. 하지만 나는 상관하지 않고 이 거북이를 사랑했다. 주름진 이상한 얼굴과 조그만 발톱, 규칙적으로 내는 둔탁한 소리까지 다 좋았다.

하지만 그중에서도 내가 가장 사랑한 아리스토텔레스의 특성은 긴 수명이었다. 벨스힌지백육지거북은 사육 상태에서는 25년에서 60년까지 살 수 있다. 야생에서 온 동물을 잡았다가 풀어주는 건 반려동물의 죽음을 피하는 한 가지 방법이다. 사람만큼 오래 사는 반려동물을 고르는 것도 또 다른 방법이지만 말이다.

하지만 아리스토텔레스가 증명했듯이 애완동물 가게에서 구입한 동물이라도 임시 보호 동물이 될 수 있다. 나는 날씨가 따뜻해지면 우리 벽을 애처롭게 긁어대는 거북이를 진정시키기 위해 밖으로 꺼내 산책을 시켰다. 렉싱턴에 있는 우리 집에는 울타리를 두른 뒤뜰이 있었다. 나는 나무 데크에서 아리스토텔레스가 돌아다니게 하고, 이따금 울타리 밑을 파고 들어갈 때면 붙잡아 제지하면서 몇 시간을 보냈다. 울타리 근처에서 들어 올려 현관으로 데려오면 아리스토텔레스는 다시 잔디밭을 휙휙 지나다가 멈춰 서서 휴식을 취하고, 마른 잎과 줄기를 밀치며 천천히 마당을 지그재그로 가로질러 나아갔다. 하지만 아무리 거북이가 앞으로 나아간다 해도 사람이 더 빠르다. 충분히 주의를 기울인다면 따라잡을 수 있다.

키키가 그랬던 것처럼 아리스토텔레스는 매년 여름 우리 가족과 함께 피셔스섬을 방문했다. 우리 가족이 여름에 빌린 집의 마당 주변에는 울타리가 없고 키가 큰 풀이 무성하게 자라 있을 뿐이었다. 아리스토텔레스에게는 마치 사바나 같았을 그곳에서 거북이가 이리저리 돌아다니는 여름철 내내 나는 데크에서 책을 읽으며 대부분의 시간을 보냈다. 1999년과 2000년 여름에는 매일 그렇게 보냈다. 그리고 2001년 여름이 왔다.

6월의 어느 날 아침, 피셔스섬의 작은 도서관으로 발걸음을 옮기는데 아빠가 아리스토텔레스가 끈질기게 우리에 몸을 부딪친다며 성가셔했다. 그래서 아빠는 거북이를 밖으로 데리고 나가 잔디밭을 돌아다니게 했고, 그러는 동안 커피를 한 잔 더 마시며 신문을 읽었다. 그때까지는 아무 문제가 없었다. 아리스토텔레스는 마른 잔디밭을 활보했고 아빠는 거북이를 들어 올렸다가 다시 내려놓았다. 그때 전화벨이 울렸다. 아빠는 전화를 받으려고 집 안으로 들어가 몇 분 동안 정신없이 이야기를 나눴고, 아빠가 다시 마당으로 나갔을 때 아리스토텔레스는 이미 자취를 감췄다.

도서관에서 돌아와 보니 부모님과 이웃 사람들 모두가 근처를 샅샅이 뒤지고 있었다. 무슨 일이 일어났는지 금세 알 수 있었다. 내가 소리를 지르며 마구 울어대는 바람에 아빠는 제대로 설명조차 하지 못했다. 나는 방으로 달려가 문을 쾅 닫았고 화가 머리끝까지 치솟아 눈물에 젖은 긴 일기를 썼다.

며칠 동안 양상추 접시를 뺀 집 안의 모든 식물과 관목을 샅샅이 뒤집어엎은 끝에 나는 아리스토텔레스가 돌아오지 않을 거라는 사실을 인정했다. 그때 할머니에게서 전화가 왔다.

"저런, 엘리자베스. 원래 동물들을 우리에 가둬서는 안 되는 법이야. 아리스토텔레스가 이제 얼마나 행복해졌을지를 생각해보렴. 우리가 이렇게 얘기를 나누는 동안에도 다른 거북이 친구들과 바다에서 헤엄치고 있을 거야!"

"할머니." 내가 어두운 목소리로 대꾸했다. "아리스토텔레스는 열대 거북이에요. 큰 바다에 나가면 죽는다고요."

가족들에게는 냉소적인 태도를 보였지만, 나는 내심 아리스토텔레스가 돌아올 거라는 희망을 품고 있었다. 잃어버린 거북이가 다시 나타나는 게 영 불가능한 일은 아니다. 1982년 브라질 헤알렝구에 사는 알메이다 가족은 붉은다리거북 마누엘라를 잃어버렸다. 주변을 수색했지만 소용없었다. 이들은 집 안에서 자유롭게 풀어놓았던 마누엘라가 정비공들이 문을 열어둔 틈을 타 집을 나가 떠돌고 있다고 생각하며 포기했다. 집이 숲 근처에 있었던 만큼 마누엘라가 숲에서 새로운 삶을 꾸릴 것이라고도 생각했다. 그로부터 30년이 지나 아버지가 세상을 떠난 뒤 집을 청소하던 어른이 된 자녀들은 잠겨 있던 창고에서 상자 하나를 발견했다. 상자 안에는 오래된 레코드플레이어와 함께 붉은다리거북이 있었다. 마누엘라가 상자 안에서 흰개미를 먹으며 30년을 산 것이다! 마누엘라 이야기는 텔레비전 드라마 〈트랜스페어런트〉의 제작자 조이 솔로웨이에게 영감을 주었고, 결국 드라마에 거북이 나초가 등장하게 되었다. 나초는 길을 잃어 죽었다고 여겨졌지만 실제로는 통풍관 안에서 곤충을 먹으며 수십 년간 페퍼르만 가족을 염탐하면서 살아가다 3시즌이 끝날 무렵에야 다시 발견된다.

하지만 아리스토텔레스는 뉴잉글랜드에 살던 아프리카거북이었다. 살아남을 확률은 그리 높지 않았다. 플라워처럼 아리스토텔레스도 모험을 즐기며 집을 떠나 행복하게 살거라는 희망을 가질 수 없었던 이유가 그 때문이다. 그래도 확실한 건 아무도 모른다. 매장할 사체를 찾은 것도 아니고, 잔디밭에서 속이 텅 빈 껍데기를 발견하지도 못했다. 아리스토텔레스는 그냥 연기처럼 사라졌다. 죽음을 확인할 증거도 없고 거북이를 기념할 손으로 만질 수 있는 물건도 없었다. "사람들은 확실성에 굶주려 있다." 폴린 보스는 저서 《애매한 상실》에서 이렇게 말한다. "누군가 죽었을지도 모른다는 의심이 계속되는 것보다는 아예 확실히 죽었다는 것을 아는 상황이 더 환영받는다." 보스는 계속해서 이런 "애매한 상실"에 대해 설명한다. 예컨대 전쟁이나 비행기 사고로 잃은 사랑하는 사람들의 시신은 결코 찾을 수 없다. 유괴된 아이들이나 알츠하이머로 정신이 점점 희미해지는 가족들도 마찬가지다. 나는 그 목록에 행방불명된 내 거북이와 그동안 키우다 잃어버린 동물들을 추가하고 싶다.

나는 아리스토텔레스가 돌아올 것인지 아닌지를 확실히 알고 싶을 뿐이었다. 희망과 절망 사이에서 시계추처럼 왔다 갔다 하는 건 몹시 피로했고, 나는 무슨 일이 일어났는지에 대한 구체적이고 물질적인 증거를 갈망했다. 손에 잡히는 무언가가 필요했다. 사랑하는 사람의 시신을 매장하기 전에 몸을 씻거나 마지막으로 보는 행위가 전 세계적으로 흔한 관습인 데는 다 이유가 있다. 시신을 눈으로 보는 것은 애도와 수용 과정에 도움이 된다. 화장한 재가 담긴 상자, 낡고 닳은 목줄, 엘엘빈(미국의 유명 아웃도어 브랜드—옮긴이)에서 나온 개 침대처럼, 어떤 종류의 물건이든 가지고 있으면 애도하는 사람이 동물 친구가 정말로 죽었고 세상에서 사라졌다는 사실을 이해하는 데 도움이 된다. 만약 이런 기념물을 찾을 수 없다면 죽음을 애도하고 기억하도록 도움을 줄 무언가를 언제든 주문하면 된다.

이 책을 쓰는 지금 이 순간까지 나는 반려동물의 생전을 기억하는 온갖 기념물을 보았다. 세상을 떠난 검은 래브라도의 사진이 담긴 티셔츠로 만든 누비이불, 맨해튼 로어이스트사이드 반려동물용품점의 추모 벽화, 매사추세츠주 브레인트리의 한 주택에 걸린 빛바랜 깃발과 그 아래 놓인 잉글리시 불도그의 사진 밑에 쓰인 사랑이 담긴 추모 글귀, 오리건주 포틀랜드의 한 공원에 있는 추모 벤치, 죽은 셰틀랜드 시프도그

의 초상이 그려진 스테인드글라스 창문, 버몬트의 한 예술가
가 손수 조각한 비석, 히말라야고양이의 털로 짠 니트 바구니,
수공예품 거래 플랫폼인 엣시에서 여러 예술가가 그려주는
수많은 동물 초상화가 그렇다.

　　하지만 이런 물품들 가운데 껴안을 수 있는 것은 없다.
그렇기 때문에 8주 만에 죽은 동물을 현실감 있는 봉제 인형
으로 만들어 보내주는 커들 클론스Cuddle Clones 같은 회사가 필
요하다. 커들 클론스사의 설립자인 제니퍼 윌리엄스는 2005
년 반려견 루푸스 옆에서 낮잠을 자다가 이런 아이디어를 처
음 떠올렸다. 루푸스는 눈의 색깔이 다양하고 매우 독특한 점
박이 무늬를 가진 할리퀸 그레이트 데인 품종이었다. 윌리엄
스는 루푸스와 똑같이 생긴 동물 인형을 가지면 얼마나 재미
있을지 상상하다가 이내 잊었다. 그러다 덩치 큰 귀염둥이 루
푸스가 죽자 자기 개를 다시 껴안을 수 있기만을 바랐다. 그렇
게 커들 클론스사가 탄생했다. 2010년에 윌리엄스는 사업 파
트너인 애덤 그린과 함께 이 회사를 설립했다. 일 때문에 멀리
떠난 사람들이나 대학에 진학한 아이들, 자대에 배치된 군인
들, 반려동물을 허락하지 않는 생활 시설로 이사한 노인들을
비롯해 자신의 반려동물과 최대한 흡사한 봉제 인형을 원하
는 사람들의 시장은 놀랄 만큼 크다. 하지만 윌리엄스가 전화
로 내게 말한 바에 따르면 매출의 약 60퍼센트를 차지하는 건 최
근에 반려동물을 잃어버린 고객들이다. 두 사람이 사업을 시

작한 10년 전에는 작업장에 직원이 16명이었고 일주일에 약 30개의 '커들 클론' 인형을 생산했다. 그러다 2016년에는 직원 수가 46명으로 늘었고 일주일에 생산하는 인형의 개수가 200~300개로 늘어났다. "사람들은 손에 붙들 뭔가가 필요해요." 윌리엄스는 말한다.

그건 사실이다. 그리고 가끔은 겨우 인형이 아니라 실제였던 내 반려동물의 일부라도 껴안고 싶다. 내가 아리스토텔레스의 등껍질을 찾고 싶어 했던 것처럼 말이다. 윌리엄스 역시 반려동물의 재를 담을 주머니가 들어 있는 커들 클론을 만들어달라는 주문을 받은 적이 있다. 이런 주문을 받은 사람이 이 시장에 윌리엄스 혼자는 아니다. 샌디에이고에 거주하는 예술가인 시몬 픽슬리 와인스타인은 반려동물의 재를 안에 넣고 끌어안을 수 있는 '추모 베개'를 제작한다. 시몬은 세 살 때 퍼그 종의 반려견 넬리를 백혈병으로 갑자기 잃은 이후 이 아이디어를 생각해냈다. 넬리가 죽은 뒤 시몬은 즉흥적으로 자신이 갖고 있던 테디 베어 인형을 자른 다음 넬리의 재가 든 봉지를 안에 넣었다. 시몬은 이렇게 말한다. "그 인형은 나의 옛 친구 넬리처럼 부드럽고 따뜻했죠." 시몬은 여기서 그치지 않고 넬리에게 보내는 편지를 인형 속에 집어넣곤 했다. "이런 행동은 넬리의 죽음을 애도하는 동안 내 마음을 보다 편안하게 했어요." 그뿐만 아니라 동물의 재나 모피가 화려하게 안에서 소용돌이치는 유리구슬을 만드는 예술가들, 화장이 끝난 유골을 인공 다이아몬드로 압착해 사랑하는 친구를 심장 가까이 둘 수 있는 제품을 만드는 회사도 있다. 그리고 여러분이 혹시 가공된 재보다 더 많은 것을 바란다면, 인터넷에서 '박제'를 입력하면 된다.

이 대목에서 몇몇 독자는 비명을 지르며 책을 덮을지도 모른다. 사람들은 박제가 너무 지나치다고 생각하는 경향이 있다. 살아 있는 것처럼 보이지만 살아 있지 않고, 진짜이지만 충분히 진짜는 아닌 소위 "불쾌한 골짜기"라고 여기기 때문이다. 하지만 일단 끝까지 들어보라.

데이브 매든은 《진짜 동물》에서 이에 대해 잘 표현했다. "박제는 동물이 죽는 순간부터 시작되는 예술의 한 형태다." 매든에 따르면 박제라는 예술에서 아무리 죽은 동물을 살아 있는 것처럼 보이게 하는 것이 중요하다 해도, 그 속에서 죽음은 불가피한 일부다. "영원히 살고, 다시 살아나기 위해서는 동물이 일단 죽어야 하죠. 그것이 바로 박제입니다. 죽음, 그리고 죽은 동물이 필요하죠." 그래서 박제를 실제로 하거나 반려동물의 사체를 보존하려는 사람들은 죽음 자체에 대해 거부감이 없어야 한다. 하지만 많은 사람에게 죽음은 편안하지 않다.

반려동물 박제는 새로운 유행과는 거리가 한참 멀다. 동물 박제는 오래전부터 있었던 일이다. 소설가 찰스 디킨스가 그 예다. 자기 고양이들에게 집착했던 디킨스는 1862년에 키우던 고양이 밥이 죽자 고양이의 발 가운데 하나를 보존 처리해 편지 봉투 자르는 칼로 만들었다. 그 발에는 "1862년 C.D.(찰스 디킨스)가 밥을 추억하며"라고 새긴 상아 날이 달려 있었다. 이 칼을 사용해 봉투를 자를 때마다 디킨스는 밥의 죽어 있는 발과 악수하며 저세상에 간 밥에게 인사를 보냈을 것이다.

반려동물을 박제한 사람은 디킨스만이 아니다. 19세기에 박제 기술이 대중화되면서 인기도 높아졌다. 비소 비누가 발명되면서 동물의 사체를 더 오랫동안 생생하게 보존할 수 있었기 때문이다. 박제의 대상은 사냥한 동물에서 반려동물로 확대되었다. 총으로 쏜 사슴이 부패하는 것과 가장 친한 털북숭이 친구의 사체가 썩는 것은 전혀 다른 문제였기 때문이다.

어떤 면에서 박제는 여러분이 사랑했던 동물을 새로운 무언가를 할 수 있는 새로운 형태로 다시 태어나게 하는 것이다. 1862년에 디킨스가 죽은 고양이의 발을 유용한 문구용품으로 바꾸었듯이 말이다. 2012년에는 네덜란드의 예술가 바트 얀센Bart Jansen이 자신의 죽은 고양이 이름을 유명한 비행사 오빌 라이트Orville Wright의 이름에서 따왔다는 이유로 사랑하는 오빌의 사체를 박제해서 드론으로 만들었다. 얀센은 그가 세운 회사인 콥터 컴퍼니Copter Company의 웹사이트에 이렇게 적어두었다. "오빌이 차에 치여 죽었을 때 나는 새로운 생명을 주어 오빌의 잃어버린 생명에 경의를 표하기로 결정했다. 전자 생명을 얻게 된 것이다. 오빌은 새를 정말 사랑한 고양이였다." 나는 아직 반려동물을 드론으로 만든 사람이 또 있다는 말을 들어보지 못했지만, 만약 없다면 그건 오빌처럼 드론이 어울리는 고양이가 없었기 때문일 것이다. 우리는 애도하는 방법은 결코 한 가지가 아니라는 것을 기억해야 한다. 오빌의 사체는 복부에 드론 모터가 박힌 채 불가사리같이 네 다리를 곧게 뻗은 자세로 보존되었다. 오빌의 각 발에는 프로펠러가 달려 있고, 날아다닐 때면 놀란 듯한 커다란 유리 눈동자가 만화에서 튀어나온 것처럼 똑바로 앞을 바라본다.

사실 드론은 그렇게 특이한 것도 아니다. 영국의 예술가 데이비드 슈리글리는 10년 동안 "죽었음"이라는 표지판을 들고 뒷다리로 서 있는 박제 고양이와 개를 만들어왔다(흥미롭게도 자기 강아지를 갖게 된 뒤로는 이런 박제를 만들지 않았다). 전설적인 박제사 월터 포터도 빼놓을 수 없다. 빅토리아 시대에 영국 시골에 살았던 포터는 변덕스럽고 괴팍한 박제사로 유명했다. 그는 브램버라는 작은 마을에서 박제 사업을 하면서 사냥한 동물을 기념하기 위해서나 과학 표본용으로 박제를 제작했다. 그가 사업장 옆에 만든 작은 박물관에는 의인화된 박제를 보려는 사람들이 몰려들었다. 거기에는 동요를 노래하는 새들, 미니어처 놀이터의 개구리들, 카드 게임을 하는 쥐와 고양이들, 결혼식을 올리는 고양이들 등이 박제 상태로 전시되어 있었다.

포터가 박제로 보존한 대상은 농부들에게 죽임을 당한 쥐들이나 익사한 고양이처럼 주변에서 흔히 볼 수 있는 동물들이었다. 이 동물들은 단지 박제라는 목적을 위한 상품으로 실이나 접착제와 다를 바 없는 공예의 도구처럼 여겨졌다. 하지만 동시에 포터는 사랑받는 반려동물들, 즉 이름과 역사, 사연, 애정을 품은 사람들이 있는 동물들을 보호하고 있었다. 포터가 열아홉 살 때인 1854년에 처음 만든 박제는 자신의 반려동물인 카나리아였다. 그뿐만 아니라 포터는 자신의 박물관에 그가 키우던 고양이(의기양양하게 나비넥타이를 맨)와 친구의 개 스팟("타작할 때 짚더미에 3주 동안 산 채로 묻혀 있다가 나중에 토끼로 오인되어 총에 맞아 죽은")의 박제도 전시했다. 2016년에 브루클린의 병리 해부학 박물관에서 포터의 작품 〈결혼식을 치르는 새끼 고양이〉를 보면서 흥미로웠던 점은 카나리아나 고양이, '죽지 않는' 스팟 같은 동물들이 나를 끌어들인다는 사실이었다. 이 동물들에게는 각각 가족과의 사연이 있었고, 포터는 사체를 보존하는 과정에서 그들의 추억을 함께 저장했다.

로버트 마버리는 저서 《박제 예술: 산업과 문화, 여러분이 직접 수행하는 방법에 대한 불한당의 안내서》에서 이렇게 말한다. "모든 형태의 박제는 조각으로 수행하는 스토리텔링 기술이다." 이 책에서 마버리는 박제 작품과 골격을 통합해 작품 활동을 하는 현대 예술가 집단에 초점을 맞춘다. "박제 예술은 사람들을 불편하게 할 수도 있다. 하지만 요점은 결코 과시하거나 고의적으로 불쾌감을 주려 하지 않는다는 것이다. 모든 작품은 동물에 대한 예술가의 애정과 경이로움을 표현한 결과물이다."

이렇듯 동물에 대한 애정을 갖추었는데도 상당수의 박제사가 반려동물을 보존 처리하는 걸 주저한다(포터는 그런 점에서 예외였다). 어쩌면 그건 동물에 대한 사랑 때문일지도 모른다. 박제사들은 자신의 일을 통해 사람들이 반려동물에게 얼마나 커다란 사랑을 퍼붓는지 알게 된다. 2019년 3월 파리의 유명한 박제점인 데자인 에 나투르Design et Nature와 데이롤 Deyrolle에 방문한 적이 있는데, 그곳에 가정에서 길들여진 동물은 별로 없었다. 하지만 지금은 로스앤젤레스의 비쇼프스 애니멀스Bischoff's Animals처럼 반려동물을 박제하는 몇몇 가게가 있다. 이 용감하고 전도유망한 선구자들은 대부분 젊은 여성으로, 반려동물의 사체를 보존하는 작업을 맡는다. 브루클린에 위치한 고담 박제점Gotham Taxidermy의 주인 디비아 아난타라만은 이렇게 설명한다. "저는 동물과 사람을 사랑하고 그들의 사연을 귀 기울여 듣고자 합니다. 특히 그들이 이야기할 사람이 없거나 신뢰할 만한 사람이 없다고 느낄 때 그렇죠. 제가 제작하는 예술 작품이 그런 공간을 제공할 수 있다는 게 뿌

듯해요." 로런 케인 리삭 역시 반려동물의 사체를 보존하기 위해 캘리포니아의 트웬티나인 팜스라는 가게에서 박제 사업인 '소중한 존재들Precious Creature'을 시작했다. 케인 리삭은 이렇게 말했다. "저는 무언가를 기념하고, 특별한 것을 만든다는 게 좋답니다."

케인 리삭과 나는 오랜 친구처럼 수다를 떨었다. 동물을 사랑하는 사람들은 서로 쉽게 친해지는 법이다. 케인 리삭은 이렇게 말했다. "고객들은 박제사가 만들어둔 카탈로그를 보면서 원하는 양식을 선택해요." '소중한 존재들'에서 케인 리삭이 취급하는 작품 하나하나에는 맞춤 양식이 포함되어 있다. 케인 리삭은 창의력이 뛰어나고, 어려움에 빠진 사람들 돕는 걸 좋아한다. 그녀는 조지 왕조 시대와 빅토리아 시대의 애도 관습에서 영감을 받아 죽음의 순간을 특별한 방식으로 남기고자 한다.

예전 사람들은 자신들의 슬픔을 적극 드러내는 편이었다. 빅토리아 시대 사람들은 슬픔을 표현하고자 유해가 포함된 검은 옷을 정기적으로 입고 기념 장신구를 착용했다. 솔직히 말하면 빅토리아 시대 사람들은 죽음에 집착하는 편이었다. 아마도 당시에는 의료 기술이 덜 발달하고 위상 상태가 나빴던 만큼 죽음이 도처에 있었기 때문이었을 것이다. 예컨대 빅토리아 여왕의 남편 앨버트 공은 마흔두 살을 일기로 세상을 떠났다. 그 뒤로 여왕은 40년 동안 검은 옷을 입고 매일 아침 하인들에게 앨버트 공의 옷을 펼쳐놓게 했다. 빅토리아 궁정의 극단적인 상복 문화는 그 시대 평민들에게 강력한 본보기가 되었다. 사람들은 묘지에 생전의 모습보다 더 큰 기념물을 만들어 세웠고, 크고 정성을 들인 장례식이야말로 사랑의 궁극적인 표시라고 여겼다. 그 시대 여성들은 가족 구성원이 죽은 뒤 적어도 2년은 검은 옷을 입었다. 고인의 머리카락으로 만든 브로치와 로켓 펜던트(안에 내용물을 넣어 목걸이에 다는 작은 갑─옮긴이)도 대유행이었다. 케인 리삭은 당시의 풍습을 이렇게 설명했다. "빅토리아 시대 사람들은 추모용 물품을 넣어 머리를 땋았어요. 그 물품을 저세상으로 통하는 문으로 여겼기 때문이죠. 또 해부학적인 사체의 조각은 천국과 곧장 이어지는 매개체라고 생각했죠." 당시 사람들에게 죽음은 이해할 수 있고 심지어 기념할 수 있는 무엇이었다. "묘지는 공원과 같았어요. 사람들이 그곳으로 소풍을 갔죠. 죽음은 경이로움과 호기심의 대상이었습니다."

　　케인 리삭도 그런 경이로움과 호기심을 느낀다. 그녀는 보존 처리 의뢰를 받은 사체가 한때, 그리고 여전히 누군가에게 깊이 사랑받았던 동물의 일부라는 사실을 이해한다. 케인 리삭은 고객들이 반려동물에게 편지를 쓰도록 권한다. 그 편지는 반려동물이 좋아했던 장난감이나 꽃과 함께 드라이아이스 쿨러에 담긴다. 보존 작업이 이뤄지는 기간 내내 케인 리삭은 진행 상황을 문자로 알리고, 진행 중인 작업물의 사진을 보내며 고객과 소통한다. 또한 고객이 작업실과 가까운 곳에 산다면 박제를 시작하기 전 홈 스튜디오의 특별한 공간에서 반려동물과 마지막 시간을 보낼 수 있도록 배려한다.

케인 리삭은 사랑하는 존재의 죽은 몸(인간이든 비인간이든)과 함께 시간을 보내는 일이 애도 과정에서 매우 중요하다고 설명했다. 가끔은 반려동물이 죽자마자 진짜로 박제를 원한다는 확신도 없이 연락을 하는 사람들도 있다. 사실 이들은 도움을 청하고 있을 뿐이다. "저는 그들이 아직 반려동물의 곁을 떠나고 싶지 않다는 것을 알고 있죠." 케인 리삭은 고객들에게 동물의 사체를 싸서 일단 냉동실에 보관하라고 이야기한다. 꽃이나 생전에 좋아했던 장난감과 함께라면 더 좋을 것이다. "심지어 가끔은 데리고 나가 이야기하고 인사를 해도 됩니다." 케인 리삭이 덧붙였다. "좀 이상하게 들릴 수도 있지만, 시간을 조금이라도 더 함께하는 것만으로도 애도 과정에 정말로 도움이 되거든요."

통화를 하면서 나는 케인 리삭이 느끼는 진심어린 슬픔, 고객과 죽은 반려동물 모두를 향한 연민과 배려의 마음에 놀랐다. 케인 리삭을 찾는 이들이 왜 그렇게 많은지를 쉽게 알 수 있었다. 우리가 처음 이야기를 나눈 2019년 3월, 케인 리삭은 동물 27마리의 두개골과 골격 청소, 발과 모피 보존, 간단한 화장 등 여러 일을 하고 있었다. 이 모든 작업을 통해 케인 리삭은 데이지라는 이름의 난쟁이햄스터(처음으로 박제를 만든 동물이다!)부터 약 29킬로그램인 핏불, 전갈, 앵무새, 까마귀, 메추라기, 그리고 기르던 타란툴라 거미까지 다양한 동물을 다루었다. 또한 케인 리삭은 합리적인 가격을 제시하는 데 중점을 둔다. 예를 들면 29킬로그램인 핏불을 박제하면 5000달러를 청구하는데, 이는 박제 작업치고는 확실히 낮은 가격이다. 케인 리삭은 필요한 사람이라면 누구나 쉽게 박제를 할 수 있게 하고자 한다. "일을 하면서 가장 보람을 느낄 때는 고객들에게 감사 인사를 받는 순간이죠." 케인 리삭이 말했다. "이건 아주아주 슬픈 상황을 아름다운 무언가로 바꾸는 작업이거든요. 정말 보람 있는 일이랍니다."

고담 박제점을 운영하는 디비아 아난타라만 역시 브루클린의 작업실을 구경하는 동안 이런 감상을 드러냈다. 아난타라만은 패션 학교에 다니는 동안 박제 작업에 참여했다. 처음에는 패션에 사용하는 재료인 동물의 가죽, 깃털, 골격 등을 보존하는 방식을 익히고 싶었다. 그러던 어느 추운 겨울날 산책을 하다 우연히 얼어 죽은 다람쥐를 발견하고는 동물의 사체를 보존 처리해보라는 하늘의 계시로 받아들였다. 지금은 정식 박제사로 일하고 있으며, 관련 대회에서 여러 번 우승을 차지하기도 했다. 아난타라만은 새 박제를 전문으로 하며 날개 달린 동물을 재료로 멋진 예술 작품을 많이 만들어왔지만, 그녀 또한 작업 초반에는 다양한 반려동물을 다루었다(처음 의뢰받은 반려동물은 쥐였다). 반려동물 박제는 큰돈을 벌 수 있는 일은 분명 아니다. 사실 아난타라만은 거의 이익을 남기지 못하며, 특히 반려동물 박제 일에서는 더러 손실을 입기도 한다. 작업을 완료하고 검수하는 과정에 더 많은 시간이 필요하기 때문이다. 하지만 슬퍼하는 사람들을 상대로 이익을 내는 것이 내키지 않아 최소한의 비용도 청구하지 않을 때가 많다.

"여기 온 사람들은 드디어 반려동물을 보존하고 싶은 마음을 나눌 수 있는 사람을 찾았다고 느낍니다." 스튜디오를 방문했을 때 아난타라만은 이렇게 말했다. "사람들은 보이는 대로 느끼고, 이것은 매우 가치 있는 일이죠." 케인 리삭과 마찬가지로 아난타라만은 박제점에서 골격과 작은 뼈 세척, 사체 부분 보존에 이르기까지 다양한 서비스를 제공한다. 그 자체로 아름다운 예술 작품인 보존 처리한 꽃과 박제를 함께 전시하기도 한다. 동결 건조 방식을 선택할 때도 있다. 이때는 자신의 스튜디오가 아니라 동결 건조를 전문으로 하는 사람과 협업한다.

케인 리삭과 아난타라만이 활용하는 전통 박제 기술은 동물의 사체를 완전히 분해하고 장기와 뼈를 제거한 다음, 가죽을 무두질한 다음 유리로 된 인공 눈 위에 피부와 털을 다시 재구성하는 보존법이다. 그에 비해 동결 건조법은 우선 눈을 제거한 뒤 가짜 유리 눈으로 대체하고, 장기를 없앤 뒤 인공 충전물로 대체하며, 사체 내부에 증류수와 방부액을 주입한다. 그런 다음 동물을 원하는 자세로 만들어 나무 뼈대에 고정하고 몇 주에서 몇 달 동안 동결 건조기에 넣는다. 동결 건조기에서 사체는 영하 17도 이하의 진공 상태에 노출되며, 조직에서 수분이 모조리 제거되지만 그 속도가 느리기 때문에 세포가 형태를 유지할 수 있다. 이렇게 동결 건조한 반려동물은 생전 모습과 더 닮았다. 전통 방식의 박제처럼 완전히 분해했다가 재조립하지 않기 때문이다. 다만 동결 건조를 하면 습기나 곤충의 피해를 입기가 더 쉽다는 단점이 있다.

동결 건조에 충분히 만족하는 사람들도 있다. 모니카라 비타가 그랬다. 어느 겨울 오후 매사추세츠주 서머빌의 카페에서 라 비타와 처음 만났을 때, 그녀에 대해 아는 것이라고는 직업이 장의사이고 자기가 키우던 보스턴 테리어를 보존 처리했다는 사실뿐이었다. 나는 커피숍에서 비교적 쉽게 라 비타를 발견했다. 창백한 피부에 어두운색 머리를 가졌고 문신이 많은 사람(고정관념은 없지만)이라 눈에 띄었기 때문이다. "저는 제가 에이스를 박제할 것이라는 사실을 처음부터 알았죠." 라 비타가 자신의 개 에이스에 대해 말했다(엄밀히 말하면 박제가 아니라 동결 건조시킨 것이지만, 우리는 대화를 나누면서 두 용어를 섞어서 사용했다).

라 비타는 열다섯 살 때부터 에이스를 키웠는데, 이듬해 즈음부터 이미 마지막 수단으로 박제를 선택하겠다고 결정했다. "강아지의 유해를 상자에 넣으니 기분이 이상했죠." 라 비타가 커피를 홀짝거리며 어깨를 으쓱했다. "그래도 저는 매일 에이스를 봐야 했어요." 나는 충분히 이해할 수 있었다. 에이스는 보존 처리된 모습 그대로 독특한 외모를 유지했다. 세상을 떠나던 열한 살 때 에이스는 녹내장에 걸려 오른쪽 눈을 잃고, 분홍색 기다란 혀가 항상 입에서 튀어나온 채였다. 에이스를 동결 건조 처리할 사람을 찾는 데 시간이 걸리기는 했지만 라 비타는 마침내 캘리포니아에서 적임자를 찾았다. 라 비타는 에이스의 사체를 포장해 업체로 보냈다. 동결 건조 과정은 9개월이 걸렸고, 마침내 개가 돌아오자 라 비타는 행복한 눈물을 흘렸다. "제가 지금껏 쓴 돈 중에서 가장 아깝지 않은 소비였어요."

물론 라 비타는 동결 건조 처리한 에이스의 모습이 살아 있을 때의 에이스와 다르다는 사실을 잘 안다. "반려동물이 특유의 개성을 보이지 않아도 여러분이 괜찮다면, 그러니까 쿵쿵대고 짖지 않으며 껍데기만 있어도 괜찮다면, 저는 이 방법을 추천하고 싶어요." 라 비타는 작은 탁자 높이의 유리장 안에 있는 에이스를 지켜보는 것을 좋아한다. 한 달에 한 번은 밖으로 끄집어내 쓰다듬는데, 이때 손에서 나온 기름은 보존에 도움이 된다. 라 비타는 에이스의 털을 쓰다듬으며 말을 걸곤 한다. "정말이지 저는 이 결정이 옳았다고 110퍼센트 확신해요." 라 비타가 말했다. 나는 라 비타에게 주변에서 우려의 목소리는 없었는지 물었다. 그녀의 아버지는 처음에는 찬성하지 않았지만 곧 생각이 바뀌었다고 한다. 또 친구들 중 일부는 불편하다고 말했지만 결국 극복했다. 반면에 남자친구는 라 비타가 미쳤다고 생각했다. 에이스가 살아 있을 때부터 함께 지낸 고양이는 이제 에이스가 담긴 유리장 위에 올라가거나 근처에 가서 논다. 라 비타의 세 살 반 된 아들은 박제된 에이스를 그저 반려동물의 하나라고 여긴다. 그래서 사람들에게 "우리 집에는 살아 있는 고양이 한 마리와 죽은 강아지 한 마리가 있다"고 말한다.

라 비타에게 반려동물을 잃고 애도 중인 사람들을 위한 조언이 있는지 물었다. 장례업계에서 일하며 애도를 지켜본 경험이 많은 그녀는 간단하게 대답했다. "필요하다면 뭐든 하세요." 라 비타 자신도 이 조언을 마음에 새기고 사는 게 분명했다.

나는 라 비타에게 앞으로도 반려동물을 보존 처리할 계획이냐고 물었다. "모르겠어요." 그녀가 대답했다. "유리장을 하나 더 안고 살아갈 생각을 하면 엄두가 나지 않네요." 아파트에서 집으로, 그리고 나중에 양로원으로 박제된 고양이와 개들을 전부 데려가는 것은 감당하기 어려운 일일 수 있다. 하지만 라 비타는 언젠가 자신을 떠날 고양이의 두개골은 보존 처리할 생각을 하고 있었다.

박제가 모든 사람을 위한 건 아니다. 케인 리삭이 사람들에게 보존 처리한 고양이와 실제 고양이의 차이를 제대로 알리는 것을 매우 중요하게 생각하는 까닭이 여기에 있다. 분명 하나는 죽어 있고 하나는 살아 있지만, 때때로 사람들은 자신이 어떤 상황에 처해 있는지 깨닫지 못한다. "사람들은 사실 죽음을 직접 대면하지 않도록 보호받고 있죠. 그래서 보존 처리한 뒤에도 살아서 숨 쉬는 반려동물이 돌아올 거라고 기대해요." 케인 리삭이 아무리 박제를 잘한다 해도 반려동물을 되살릴 수는 없다. "어떤 것들은 그대로 옮겨지지 않아요." 케인 리삭이 말했다. "영혼은 더 이상 그곳에 없죠. 눈이 아무리 생생해 보이고 자세가 완벽해도 결코 같지는 않아요. 아주 중요한 본질이 사라졌기 때문이죠." 그녀는 까다로운 수정사항을 요구하거나, 완성된 작품을 보고 겁에 질려 박제된 반려동물을 남겨둔 채 그대로 도망치는 고객도 보았다. 하지만 불쾌한 경험이 있어도 넘어가려고 애쓴다. 너무 슬픈 나머지 그런 행동을 보일 수 있다는 사실을 이해하기 때문이다. "저라도 슬픔에 빠진 나 자신을 상대하고 싶지는 않을 거예요." 그녀가 웃으며 말했다. 그럴수록 오해를 피하기 위해 고객에게 박제가 어떤 것인지 가능한 한 분명히 말하려고 노력한다. 그리고 잠재 고객들에게는 박제란 "영혼이 살았던 집을 보존하는 일"임을 설명하고, 사람들이 보고 만질 수 있도록 박제된 동물들을 (영혼이 빠져나가고 남은 것들을) 작업실에 갖춰놓는다. 사람들이 박제를 잘 이해한다면 보존 처리한 자신의 반려동물을 받고도 놀라지 않을 것이기 때문이다.

　나는 2021년에 케인 리삭과 다시 이야기했다. 코로나

기간 동안 사업이 어떻게 되어가고 있는지 대화를 나누고 싶었다. 처음 몇 달은 고객이 가뭄에 콩 나듯 했지만 이후로는 어느 때보다 많은 고객이 보존 처리를 문의했다고 한다. 매일 인스타그램의 팔로워가 늘고 있으며, 친구의 어린 조카들이 틱톡에 가입해 활동해보라고 말하기도 했다. 하지만 케인 리삭은 그런 활동이 필요하지 않은 것 같다. "저는 지금 그럴 여유가 없어요. 지금 의뢰받은 일을 해내는 것도 벅차거든요." 나는 그때 꽤나 놀랐다. 팬데믹 기간 동안 일자리를 잃은 사람이 수두룩하다는 사실을 생각하면, 죽은 개를 박제하는 데 돈을 쓰는 것은 지출 우선순위 목록에서 가장 먼저 사라질 항목일 것만 같았기 때문이다(어쩌면 뜻밖의 코로나 재난 지원금을 받고 그동안 꿈꿨던 일을 실행하는 것일지도 모르지만 말이다). "사람들은 여전히 반려동물에게 돈을 쓰고, 코로나로 인해 더 많은 여가 시간을 반려동물과 보내고 있죠." 케인 리삭이 지적했다. "그런 만큼 동물과 헤어지는 게 힘들어질 테고, 이런 종류의 서비스를 당연히 찾게 될 거예요." 하나 더 있다. "사람들은 이제 죽음에 대해 예전보다 더 스스럼없이 이야기해요." 2019년에 처음 대화를 나눌 때와는 정반대의 말이었다. "서양 문화는 원래 죽음에 대해 무척 폐쇄적이지만, 지난 3월부터 우리는 항상 죽음에 대해 생각하고 있어요." 나는 우리가 빅토리아 시대의 죽음 문화로 돌아간다고 생각하는지 물었다. "그럴지도 모르죠. 사람들은 정말로 중요한 것이 무엇인지 단순화해서

생각하고, 스스로의 내면을 들여다보며 자신을 기쁘게 할 일
에만 돈을 쓰고 있어요."

　　동물의 사체 전체를 보존하지 않고 일부만 보존할 수
있는 방법도 꽤 많다. 케인 리삭은 종종 반려동물의 일부(꼬리
나 귀)만 박제하거나 골격을 청소하고 재조립한다. 많은 수의
사가 사체를 화장하기 전에 발자국을 어딘가에 찍어두었다가
재와 함께 고객에게 돌려주는 것과 비슷하다. 그뿐만 아니라
케인 리삭은 개와 고양이의 코를 주형으로 떠서 고객에게 제
공하기도 하는데, 처음 들어봤지만 듣자마자 좋은 아이디어
라고 생각했다. 1999년에 거북이 아리스토텔레스의 비늘에
덮인 코 언저리를 주형으로 만들어달라고 했으면 좋았을 것
이다.

　　반려동물의 몸을 보존할 가장 극단적인 방법은 살아 있
는 존재의 형태로 재창조하는 것이다. 즉, 복제다. 동물 복제
는 항상 논란이 되어 왔다. 복제를 반대하는 측은 이것이 신이
할 일을 대신하는 부자연스러운 시도라고 주장한다. 이들은
복제에 쓸 돈으로 살아 있는 다른 동물을 돌보는 것이 더 나으
며, 복제 동물을 분만일까지 품는 데 이용되는 동물 대리모는
스스로 동의할 수가 없다고 말한다. 또한 복제에 관한 법과 규
정도 충분하지 않으며, 특히 영장류나 인간을 복제하거나 유
전적으로 조작하는 일은 윤리적인 지침이 있다 해도 애매하

고 불분명하다. 사람의 DNA에서 질병을 없애고자 복제를 활용한다는 주장은 우생학 논란으로 번지기 쉽다.

하지만 이 모든 점을 고려해도 반려동물 복제 시장은 분명 존재한다. 미국의 4대 연예대상을 거머쥔 전설적인 가수 바브라 스트라이샌드는 키우던 개 사만다의 복제 동물인 미스 스칼렛과 미스 바이올렛이라는 강아지 두 마리를 기르고 있다. 스트라이샌드는 《뉴욕 타임스》 기고문에 이렇게 썼다. "나는 14년 동안 함께했던 사랑하는 사만다를 잃은 후 너무 충격을 받은 나머지 어떤 식으로든 계속 함께하고 싶었어요. 사만다의 DNA에서 비롯한 무언가, 그러니까 사만다의 일부를 살려둘 수 있다는 사실을 알게 되면서 보내기가 조금 더 쉬워졌죠." 결국 그녀는 복제를 진행했고, 강아지 네 마리를 얻었지만 집으로 데려오기 전까지 살아남은 건 두 마리였다. 복제가 진행되는 동안 다른 새끼 강아지 두 마리를 입양했기 때문에 스트라이샌드는 복제 강아지 중 한 마리를 가까운 친구의 딸에게 보냈다.

당신도 스트라이샌드가 한 일에 관심이 있나? 반려동물 복제가 전문인 몇몇 회사가 있다. 최초의 복제 고양이를 탄생시킨 중국 베이징의 시노진사, 미국의 H BION과 한국의 수암생명공학연구소가 파트너십을 맺은 최초의 개 복제 회사 '낫 유 벗 유Not You But You'사, 스트라이샌드가 고객이었고 텍사스에 본사를 둔 동물 복제 회사 비아젠ViaGen이 그 예다. 비아젠은 개

# 147

4. 어디서 무엇으로든 존재해준다면

나 고양이, 양, 염소, 돼지, 말을 비롯해 영장류가 아닌 모든 포유류를 복제한다. 나는 이 회사의 고객 서비스 담당자인 코디 램과 그들이 하는 일에 대해 이야기를 나눴다. 2019년 겨울, 당시 비아젠에서 4년 동안 일한 램은 고객들이 복제를 진행하기로 마음을 먹으면 주로 자기와 연락을 한다고 말했다.

내가 던진 첫 번째 질문은 사람들이 반려동물 복제를 원하는 이유가 무엇이냐는 것이었다. 그러자 램은 내가 미처 생각하지 못한 이유들을 죽 늘어놓았다. 여러분은 반려동물의 난소를 제거하거나 중성화한 이후에 그 동물의 혈통을 잇고 싶을 수도 있다. 또는 번식으로는 다시 나올 수 없는 독특한 생김새의 잡종이라거나, 반려동물의 DNA 일부가 여전히 어딘가에 살아 있다고 믿고 싶을지도 모른다. 나는 비아젠을 통해 반려동물의 DNA를 보존하기로 마음먹은 사람 중 대부분이 실제로는 복제 과정을 진행하지 않는다는 사실을 알고 놀랐다. "어떤 사람들은 그 DNA를 보존하는 것만으로도 마음의 평화를 얻어요." 램이 설명했다. (여기에 더해 5만 달러라는 비용 때문에 사람들이 복제를 망설일 수도 있지만.) 또한 램은 복제한 동물이 원래 동물과 상당히 비슷하긴 하지만, 아무리 비슷하다고 해도 그게 자신이 기르던 반려동물은 아니라는 점도 지적했다.

나는 비아젠의 고객 중 한 명인 존과도 이야기를 나눴다. 존은 자신이 한 일을 "약간은 비밀"이라고 말했다. 가족 몇몇은 존이 사랑하는 개 프린세스를 복제했다는 사실을 알지만, 주변에 모르는 사람도 있었다. 은퇴 전까지 뉴욕시 경찰로 일한 존은 관할구역에서 개가 돌아다닌다는 신고를 받고 입양을 결심했다. 프린세스는 2006년부터 존과 함께 살기 시작했고 둘은 곧 유대감을 형성했다. 2008년에 존이 은퇴한 이후 둘은 더욱 가까워졌고, 서로를 너무 사랑한 나머지 당시 존의 여자 친구가 질투를 하기도 했다. 여자 친구와는 오래 가지 못했지만, 프린세스는 죽을 때까지 존과 함께했다.

　　존은 프린세스가 암에 걸린 2016년에 처음으로 복제를 생각하기 시작했다. 〈나는 죽은 개를 복제했다〉라는 제목의 버즈피드 영상을 본 존은 고민 끝에 만약을 위해 프린세스의 DNA를 보존하기로 결정했고, 프린세스는 2017년 3월에 세상을 떠났다. 존은 깊은 좌절에 빠졌지만 '나는 경찰이야! 그동안 많은 일을 겪었다고!'라며 스스로를 다잡았다. 당시 존은 프린세스의 친구였던 구조견 비비도 키웠는데, 존에 따르면 비비는 주인의 슬픔을 알아챈 듯했다. 프린세스를 떠나보낸 존과 비비는 우울하게 지냈다. 그렇게 1년쯤 지났을까. 어느 날 존은 복제 과정에 뛰어들기로 마음먹었다.

　　"그 전화를 받았을 때 제가 어디 앉아 있었는지도 정확히 기억이 나요." 존이 내게 말했다. 그날은 2018년 9월 21일이었고, 이틀 전에 대리모가 프린세스의 복제견 두 마리를 출산했다. 쌍둥이라니! 존은 무척 기뻤다. 이 강아지들은 11월

19일 텍사스에서 뉴욕 라구아디아 공항에 도착했다. 존은 프린세스가 공주라는 뜻이기 때문에 디즈니 만화 속 공주들의 이름을 따서 이 강아지들을 각각 아리엘과 재스민이라고 이름 지었다. 강아지들은 프린세스의 축소판처럼 보였다. 존이 나에게 아리엘과 재스민의 사진과 영상, 그리고 프린세스의 사진과 영상을 보여주었는데 존이 말하지 않으면 잘 분간할 수 없을 정도였다.

존은 프린세스가 두세 살일 때쯤 만난 터라 더 어린 시절의 프린세스와 쌍둥이의 성격을 정확히 비교할 수는 없었다. 하지만 2019년 8월, 강아지들이 11개월일 무렵 전화 통화를 했을 때 존은 강아지들에게서 프린세스의 버릇이 조금씩 나오는 것 같다고 말했다. 존에 따르면 아리엘과 재스민은 하는 행동이 프린세스와 거의 다를 바 없었다. 두 강아지는 함께 빙글빙글 돌다가 일제히 짖었고, 존이 "누구야? 저게 뭘까?"라고 물으면 둘 다 프린세스가 그랬던 것처럼 문 옆의 창문을 올려다봤다.

결과적으로 존은 아리엘과 재스민을 얻는 데 5만 달러를 썼다. 비록 많은 사람이 듣고 놀랄 만한 가격이지만, 존이 보기에 다른 사람들은 은퇴하는 해에 비싼 메르세데스벤츠나 BMW를 사는 데 돈을 쓴다. 그 돈을 사랑하는 반려동물을 복제하는 데 쓰면 안 될까? "나는 오래된 차를 계속 모는 대신 내 천사를 다시 돌아오게 하는 게 더 좋아요." 존이 말했다. 하지만 존은 동물의 DNA 보존이나 복제를 바라는 사람 모두가 자신처럼 경제적 여유가 없을 수 있고, 복제가 모든 이를 위한 수단이 아니라는 사실을 안다. "생명의 순환이라는 전체적인 과정을 저도 알고 있죠." 존이 말했다. "하지만 저는 프린세스의 일부라도 돌아왔으면 했어요. 프린세스를 위해서 그렇게 하고 싶었죠. 이상하게 들리겠지만, 저는 프린세스가 그 애정과 유대를 다시 느끼기를 바랐답니다."

" 가끔은 겨우 인형이 아니라
   실제였던 내 반려동물의 일부라도 껴안고 싶다.
   내가 아리스토텔레스의 등껍질을 찾고 싶어 했던 것처럼 말이다."

5

너는
어디로 갈까?

대학교 1학년이 시작된 2006년 가을, 나는 인생의 여러 이정표를 거쳤다. 그중 가장 주목할 점은 난생처음으로 엄마와 협상하지 않고도 동물을 기를 수 있게 되었다는 것이다. 웰즐리대학교 기숙사에서 2명의 룸메이트와 함께 지내며 키운 보라색 베타(농어목 버들붕어과, 때때로 "싸움꾼 물고기"라고도 불린다)의 이름은 완다였다. 그녀는 우리 방의 키 큰 참나무 서랍장 꼭대기에 있는 작은 플라스틱 수조에서 살았다.[7]

완다와 함께 지낸 1학년 가을은 참 좋았다. 완다는 수조 속을 이리저리 돌아다니는 활동적인 물고기였고, 그걸 바라보고 있자면 공부를 하다가도 즐겁게 휴식을 취할 수 있었다. 그전에는 나를 포함해 같은 방을 쓰던 신입생 3명 사이에 긴장감이 감돌았다. 관심사와 습관이 다르고 성격도 극단적으로 달랐지만 우리에게는 완다라는 공통 화제가 있었다. 불편한 침묵이 감돌다가도 물고기 이야기를 하면 침묵이 깨졌다. 완다가 우리를 하나로 뭉치게 했다.

완다는 겨울방학이 시작되어 부모님 집으로 가는 자동차 여행에서도 살아남았고, 방학 내내 나와 함께하다가 막 봄이 되어 반짝이는 햇살까지 마주했다. 심지어 2학년으로 올라간 뒤에도 완다가 사는 수조를 어디에 두어야 할지 고민해야 했다. 그러던 어느 날이었다.

7 몇 년이 지난 뒤에야 나는 완다의 커다란 부채꼴 지느러미가 수컷이라는 의미임을 알았다. 어쨌든 성별이란 구성된 것이니 상관없다. 그렇지 않은가?

"물고기가 보통 이런 모습인 거 맞아?"

때는 4월 말이었고, 내가 머릿속에 떠오른 이 질문을 방에서 중얼거리자 룸메이트들이 다가왔다. 우리는 얼굴을 맞댄 채 수조 안을 들여다보았다. 우리들의 입김으로 플라스틱 벽이 뿌예졌다. 1갤런 들이 수조 속엔 형광 핑크색 바위, 가짜 식물, 회색 플라스틱 성, 그리고 아파 보이는 베타 한 마리가 있었다. 우리의 완다에게 문제가 생긴 것이다.

"몸이 좀 부은 것 같아." 한 룸메이트가 말했다.

"맞아, 좀 부어올랐어."

"비늘은 왜 저렇게 튀어나와 있지?"

완다는 머리가 비대해졌고 지느러미의 움직임 없이 둥둥 떠다녔다. 내가 수면에 뿌린 먹이도 먹지 않았다. 매끈하게 반짝이던 보라색 비늘은 생기를 잃은 채 버석하게 일어서 있었다.

의대 준비 과정을 밟으면서 마침 해양생물학을 공부하던 룸메이트 리가 컴퓨터로 다가가 검색을 시작했다. 리는 몇 분 후 진단을 내렸다.

"부종이야. '솔방울병'이라고도 하지. 확실해."

"그게 뭐야?" 내가 물었다.

"물고기가 더 이상 물을 배출할 수 없는데도 계속 물을 흡수할 때 생기는 병이야. 그래서 이렇게 몸이 부은 거야. 물로 가득 찬 거지. 심지어 내장까지 부어 있어. 이것 봐, '당신의 물고기 몸이 솔방울처럼 보인다면, 너무 늦은 것이다'라고 쓰여 있어."

우리는 수조를 돌아보았다. 완다는 뾰족한 보라색 솔방울처럼 보였다.

"물에 사는 물고기가 어떻게 이런 부종에 걸릴 수 있어?" 나는 화가 나서 물었다. 우리 셋 모두 완다를 공동 반려동물로 여기기는 했지만 엄밀히 말해 완다는 내 물고기였고, 따라서 이건 내 책임이었다. 완다가 아프다면 그건 내가 잘못했다는 뜻이었다.

"어떤 바이러스가 비늘 아래로 들어가 몸속 기관에 침투하거나 감염이 일어났을 때 생기는 병이야." 몇 년 뒤에야 나는 이 병이 '말라위 팽창증'이라고도 불린다는 사실을 알았다. 리는 설명을 계속했다. "이 웹사이트에 따르면 보통 정수 처리하거나 병에 든 생수 대신 수돗물을 사용하면 이 병이 발생한대."

"아…."

우리는 일순 조용해졌다. 리는 눈을 가늘게 뜨며 나를 바라보았다.

"혹시 수돗물을 썼어, E.B.?"

나는 몇 주 전 밤이 떠올랐다. 기분이 별로였고 모든 게 귀찮아 룸메이트들과 술을 두어 잔 마셨다. 그러고 나니 피곤한 나머지 폴란드 스프링 생수를 사러 자판기가 있는 지하까지 내려갈 수가 없었다. 물고기에게 기숙사의 수돗물을 줘도 충분할 것이라 나름대로 생각했다.

아무도 말이 없었다.

"그럼 이제 어떻게 하지? 완다가 죽기까지 손 놓고 기다려야 해?"

리는 한숨을 쉬었다. "그런 것 같아."

긴 일주일이 지났다. 나는 매일 아침 완다가 물 위에 떠 있기를 바라며 깨어났지만, 완다는 전날 밤보다 훨씬 더 붓고 둥그러진 채 물속에서 흔들리며 애처로운 모습이었다.

"더 이상 참을 수 없어." 일주일이 지났을 무렵, 완다를 볼 때마다 끔찍한 기분이 들었고, 그보다 더 나쁜 것은 불쌍한 완다가 계속 고통받는다는 사실이었다. 완다를 보내줄 때였다.

다음 단계로 리는 물고기를 인도적으로 안락사시킬 방법을 연구하기 시작했다. 우리는 일단 겁쟁이들의 방식인 '변기에 넣고 물 내리기'를 배제했다. 물을 내리고 난 뒤에도 여러 시간 동안 물고기는 여전히 살아 있을 수 있다. 그 가여운 상태로 하수 처리 시설에서 생의 마지막까지 기다려야 한다. 한 웹사이트에서는 날카로운 칼로 물고기의 머리를 자르라고 제안했는데, 그 방법은 마음에 들지 않았다. 결국 우리는 완다를 에틸알코올로 질식시키기로 결정했다. 나는 터벅터벅 기숙사 4층으로 올라가 상급생 2명에게 방에 폴란드 스프링 보드카 큰 병이 있는지 물었다. 내가 보드카가 왜 필요한지 설명하자 상급생들이 나를 따라 아래층으로 내려왔다. 룸메이트들을 비롯해 힘들어하는 나를 돕기 위해 캠퍼스를 가로질러 온 다른 친구도 함께했다. 6명이 모인 기숙사 방에서 나는 컵 2개에 내용물을 채웠다. 하나는 물속에 담긴 완다였고, 다른 하나는 폴란드 스프링 보드카였다(정말 아이러니한 장면이다).

"좋아. 이제 내가 이걸 해야 할 것 같은데."

내 말에 방 안에는 침묵이 흘렀다. 나는 연대의 의미로 폴란드 스프링 보드카 한 잔을 들이켠 다음 끓어오르는 욕지기를 참으며 물컵에서 완다를 꺼내 투명하지만 독한 알코올 속으로 미끄러뜨렸다. 그러자 부종으로 기운이 없었던 완다가 정신없이 파닥거리기 시작했다. 마치 삶의 의지가 다시 돌아온 듯했다. 완다는 폭풍우 속의 깃발처럼 몸을 휘두르며 잔 표면에서 보드카를 마구 튀겼다. 그러고는 몸을 옆으로 뒤틀더니 이내 아가미가 술 위로 떠오르고 작은 입이 완벽한 원 모양으로 열렸다 닫히기를 반복했다. 그러다 마지막 한 번의 떨림을 끝으로 마침내 움직임이 멈췄다.

우리 6명은 화창한 5월의 밤 기숙사 안뜰로 나갔다. 식당에서 몰래 챙긴 숟가락으로 얼어붙었다가 막 풀린 흙을 파 축 늘어지고 부풀어 오른 물고기를 묻었다. 가짜 식물과 분홍색 돌, 플라스틱 성 같은 수조 속 내용물도 함께였다. 우리는 잠시 침묵을 지켰다. 누군가 보드카를 부었다. 완다를 잃고 슬픈 와중에도 나는 이 물고기가 나에게 남긴 것이 무엇인지 둘러보았다. 완다는 내가 물고기의 장례식을 치르는 동안 기꺼이 옆을 지키는 친구들을 만나게 해주었다.

다음 날 아침 리와 나는 완다의 무덤을 파헤치는 다람쥐 가족을 발견했고, 추도식이 불러온 마법 같은 감정은 이내 사그라들었다. 하지만 나는 우리가 완다를 위해 베푼 의식에 대해 계속 생각했다. 전에도 물고기 장례식을 여러 번 치르긴 했지만, 그때는 주로 물고기를 나 혼자 묻었다. 내가 하는 행동을 이해하는 사람들에 둘러싸여 의식을 치른 건 이번이 처음이었다. 장례식은 죽은 사람을 위한 것이 아니라 산 사람을 위한 것이라는 말이 있다. 완다의 장례식을 치르고 보니 그건 사실이었다.

완다의 장례식은 간단하고 즉흥적이었지만 나에게는 그것만으로도 충분했다. 하지만 세상에는 자기 반려동물을 위해 더 호화로운 장례식을 치르고 싶어 하는 보호자들도 있다. 반려 새가 죽었을 때 모차르트가 치른 장례식을 예로 들어보자. 1784년 5월 27일, 모차르트는 시장에서 작은 찌르레기를 한 마리 샀다. 약 3년 동안 이 새를 돌본 모차르트는 찌르레기에게 꽤 애착을 갖게 되었다. 클래식 음악계에 전해 오는 이야기에 따르면, 모차르트가 찌르레기를 사랑하게 된 것은 이 새의 울음소리를 통해 막 작곡 중이던 피아노 협주곡의 모티프를 얻었기 때문이었다고 한다.

그랬던 만큼 1787년 6월 4일에 찌르레기가 죽자 모차르트는 당시 웬만한 사람 장례식 못지않게 화려한 의식을 곁들인 장례를 치렀다. 2개월 전 잘츠부르크에서 치른 자기 아버지의 장례식에는 참석조차 하지 않았지만 새 장례식에서는 제대로 옷을 차려입었고, 모인 조문객도 모두 얼굴에 두꺼운 베일을 두르고 있었다. 조문객들은 무덤가에 앉은 채 모차르트가 찌르레기를 기리며 쓴 시를 낭송하는 것을 들었다. "조그만 바보가 여기 누워 있다/내가 사랑하던 녀석/찌르레기의 혈기 왕성한 시절은/너무도 짧다." 모차르트는 무덤에 번듯하게 글자를 새긴 묘비까지 세웠다.

미미 매슈스는 저서 《나폴레옹을 문 퍼그》에서 1897년에 "검고 흰 무늬가 있는 살진 암컷 고양이"의 성대한 장례식을 치른 한 성직자에 대한 이야기를 했다. 고양이는 "비단과 양털로 안을 덧대고 황동으로 결박한 참나무 관"에 누운 채 성직자 집의 거실에 놓였다. 이후 관은 열차에 실려 북잉글랜드로 옮겨졌고 비공개 장례식이 치러졌다. 박제사 로런 케인 리삭에 따르면 빅토리아 시대에는 누가 장례식을 치를 가치가 있고 누가 그렇지 않은지를 차별하지 않았다. 다는 아니라도 그런 생각을 가진 사람들이 있었다.

매슈스는 저서에 1894년 3월호 〈첼트넘 크로니클〉에 등장한, 켄싱턴에 사는 한 여성 노인의 열일곱 살 된 고양이 폴의 장례식 이야기도 실었다. 나는 그런 여성의 모습을 즉시 상상할 수 있다. 빅토리아 시대에는 '노인'이라고 해봤자 40대였을 테고, 그래서 폴은 그녀 인생의 거의 절반에 해당하는 기간 동안 함께였을 것이다. 〈첼트넘 크로니클〉의 기사에 따르면 그 여성은 "마치 중요한 사람을 매장하는 것처럼" 장의사를 찾았다. 그리고 "화환으로 보기 좋게 장식한 고양이의 관이 장의사의 가게에 전시되었으며, 그곳에서 사람들의 웃음거리가 되기보다는 대단한 주목을 끌었다"고 한다. 이처럼 빅토리아 시대의 몇몇 사람은 반려동물을 애도하기 위해 시간과 노력을 들였지만, 동물의 죽음을 슬퍼하는 모습을 보며 비웃는 사람도 분명 존재했다.

　　나는 이 주제를 취재하면서 반려동물을 향한 사랑과 동물의 죽음을 애도하려는 인식이 지난 수백 년간 이어져 왔음을 알게 되었다. 더불어 이런 행위를 마뜩찮게 보는 인식 또한 늘 공존했다는 사실도 깨달았다. 내가 이 책을 쓰기 위해 반려동물 주인들과 이야기를 나누어보니, 그들에겐 공통적으로 엄청난 슬픔과 고통 속에서 "그저 고양이 한 마리", "그냥 개 한 마리"라고 일축하는 주변 사람들의 말을 듣고 속상했던 기억이 있었다. 별것 아니니 '어서 극복하라'는 뜻의 말. 심지어 반려동물을 키우는 사람들조차 타인이 동물을 잃고 크게 슬퍼하면 그것이 도를 넘었다고 섣불리 판단하곤 한다. 앞서 나는 반려동물을 잃은 슬픔은 "권리를 박탈당한 슬픔"이라고 했다. 분명히 큰 상실인데도 부모님이나 조부모님을 잃었을 때처럼 다른 사람들에게 공개적으로 이야기하지 못한다. 이처럼 동물을 잃은 뒤 당당하고 자유롭게 애도하는 사람들을 불편하게 여기는 이유는 무엇일까?

반려동물을 애도하는 사람에게 느끼는 불편함 중 일부는 여러 종교가 갖고 있는 모순된 견해에서 오는 것 같다. 어떤 종교는 동물도 사람처럼 영혼이 있다고 여기지만, 그렇지 않은 종교도 있다. 빅토리아 시대에는 반려동물의 장례식을 치러도 괜찮다고 개방적으로 생각하는 사람도 있었지만, 어떤 식으로든 동물의 기독교식 장례를 소리 높여 반대하는 사람들도 존재했다. 1885년 9월호 〈에든버러 이브닝 뉴스〉에 따르면, 한 나이 든 여성이 키우던 고양이 톰을 사람 공동묘지에 묻으려 할 때 "고양이를 기독교도처럼 매장하는 것은 부끄럽고 모욕적인 일이라면서 뒤에서 시끄럽게 항의하는 한 무리의 젊은이들"을 마주해야 했다. 톰의 관은 결국 박살났고 사체는 손실되었으며, 경찰이 현장에 출동해 "폭력을 휘두르는 군중에게서 여성을 보호하기 위해 늦은 시간까지 근무"해야 했다.

전 세계적으로 엄격한 종교적 교리가 점점 사라지면서 반려동물을 대하는 사람들의 태도도 조금씩 바뀌었다. 1990년 교황 요한 바오로 2세는 수세기 동안 지속된 가톨릭 교리를 뒤집고 동물에게도 영혼이 있다고 말했다. 바오로 2세에 따르면 신은 생명을 불어넣어 인간을 창조하고 그에 따라 인간에게 영혼을 부여했는데, 성경의 여러 부분에는 동물에게도 이런 생명의 숨결이 존재한다고 명시되어 있다고 한다. 교황은 이렇게 말했다. "따라서 모든 생명체의 존재는 지구를 창조했을 뿐 아니라 지속시키고 새로이 하는 신의 살아 있는 정신과 숨결에 달려 있다. 그렇듯 동물도 영혼이 있기에 인간은 우리의 작은 형제들을 사랑하고 연대를 느껴야 한다."

메인주 성공회 교구의 토머스 브라운 주교 역시 지금껏 네 번의 반려동물 장례식을 치렀다. 개 세 마리와 고양이 한 마리다. 나는 이런 행동이 그가 동물에게 영혼이 있다고 생각한다는 의미인지를 물었다. 그러자 브라운 주교는 그렇게 결론짓는 것은 조금 불편하며, 그보다는 슬픔에 빠진 가족에게 도움을 주려고 장례식을 치렀다고 말했다. "개뿐만 아니라 모든 동물에게는 영혼이 충만합니다. 하지만 제가 볼 때 그 영혼들에게 구원이 필요하지는 않은 것 같습니다." 주교가 말했다. 브라운 주교는 "동물은 단순한 물건이 아닌 영혼을 가진 존재지만, 그렇다고 사람처럼 갈등과 고뇌에 빠진 영혼을 가지고 있지는 않다"고 생각한다. 예컨대 동물들은 일부러 잘못되거나 유해한 행동을 하지 않는다. "동물들은 절대 정직하지 않은 짓을 저지르지 않아요. 이미 순진하고 연약한 존재들입니다. 그래서 사람보다 더 많은 보호가 필요하죠." 주교가 말했다.

프란치스코회 수도사이자 작가인 리처드 로어는 저서

《보편적 그리스도》에서 열다섯 살 된 블랙 래브라도 품종의
개 비너스가 죽은 일을 이렇게 기록했다. "나의 개 비너스는
15년 동안 어떤 신학적 지침서보다도 '그리스도의 실재'에 대
해 나에게 더 많은 것을 가르쳐주었다. 비너스는 언제나 나와
함께하는 것을 온전히 즐겼고 그러기를 추구했으며, 그 모습
을 통해 나는 사람들 앞에 어떻게 나서고 그들을 어떻게 받아
들일지를 배웠다. 비너스는 그야말로 하느님 앞에 내가 어떻
게 존재해야 하는지, 하느님이 나에게 어떻게 계시는지를 알
려주는 모범이 되었다." 분명한 건 동물들 역시 신의 피조물이
며 우리는 그걸 인정하고 존중해야 한다는 사실이다. 《코란》
에서는 동물이 알라신을 의식하고 숭배하는 방식을 인간은
온전히 이해하기 힘들다고 말한다. 월리스 사이프의 책《반
려동물을 잃는 것에 관해》에서 랍비인 발푸어 브리크너는 유
대인들이 수천 년간 "모든 생명체를 인도적으로 대접해야 한
다"는 인식을 믿었다고 주장한다. 또한 동물에게 지나치게 무
거운 짐을 지워서는 안 되며, 예전에는 동물을 먼저 잘 먹이고
돌보지 않으면 잡아먹을 수 없었다. 비록 랍비들이 동물들도
영혼이 있는지에 대한 구체적인 질문은 회피했지만 말이다.
하지만 브라운 주교의 말처럼 비너스 같은 동물들은 실제로
인간 같은 영혼을 가졌든 그렇지 않든 우리가 어떻게 존재해
야 하는지, 어떻게 선한 행동을 해야 하는지 가르쳐준다.

동양 사상 역시 기독교만큼이나 이 주제에 대해 상충되는 여러 견해를 보인다. 스펙트럼의 한쪽 끝에는 인도의 고대 종교인 자이나교가 있는데, 이 종교는 신도들이 잡아먹기 위해 동물을 죽이는 것은 물론 거미줄을 걷거나, 곤충을 으깨 죽이거나, 나무에서 과일을 따는 것도 금한다. 자이나교의 핵심적 믿음은 모든 생명체를 향한 공감에서 올바른 삶이 비롯한다는 것이다. 힌두교와 시크교에서는 인간과 비인간을 망라한 모든 존재는 죽은 뒤 다른 형태로 다시 태어나 영원한 영혼을 누린다고 믿는다. 또한 종과 종 사이에 유동성이 존재한다고 여기기 때문에 힌두교와 시크교도 가운데 상당수는 채식을 한다. 한편 불교에서는 반려동물의 영혼이 인간의 영혼과 같은 방식으로 환생하는지에 대해 의견이 갈리는 경우가 많다. 어떤 사람들은 동물을 괴물이나 악마와 연관 지어 동물들의 영혼을 가까이 두는 것은 위험하다고 여기며, 불교 전통을 어떤 식으로든 반려동물을 위해 활용하려는 생각을 거부한다. 개는 개로, 고양이는 고양이로 다시 태어난다고 제안하는 사람들도 있다. 또 어떤 사람들은 반려동물이 사고나 안락사로 죽었을 때 그 동물이 "강력하고 위협적인 영적 힘"을 갖고 돌아오는 것을 두려워한다. 반면에 자기들이 동물의 휴식을 방해해 그 영혼을 화나게 하지는 않을지 여부는 신경 쓰지 않고 동물의 재가 담긴 유골함을 안치하는 사람도 있다. 그 반려동물이 생전에 사람이 만지거나 쓰다듬는 것을 즐겼다는 이유에서다. 동아시아 종교를 연구하는 바버라 앰브로스가 저서 《논쟁의 뼈대들》에서 말했듯이, 불교 성직자들 가운데 몇몇은 어떤 식으로든 강하게 주장하는 것을 불편해하며 "동물의 사후 운명과 장례식 수행의 이론적인 근거를 반려동물 주인의 상상력에 맡겨라"라고 말한다.

　　일본의 불교는 어떨까? 자세히 들여다보면 오늘날 일본의 반려동물 주인들은 동물을 가족처럼 여기며, 그들이 죽었을 때도 가족처럼 대하는 것 같다(앰브로스에 따르면 일본인들이 반려동물을 지칭할 때 가장 자주 사용하는 용어는 '우리 아이'다). 이때 불교식 반려동물 장례는 꽤 흔하게 이뤄지며, 죽은 반려동물을 죽은 사람을 대하듯 한다. 꽃병에 담긴 생화나 조화, 재를 담는 항아리, 물이나 차, 술을 담는 도자기, 생전에 좋아한 음식, 무덤에 놓는 그림이나 위패가 그렇다. 좋아하는 장난감이나 목걸이도 찾아볼 수 있다. 또 죽은 반려동물은 '카이묘'라는 사후의 불교식 이름을 받기도 한다. 많은 일본의 반려동물 묘지에서 1년에 몇 차례 추도식이 열리는데, 이때 보호자들은 죽은 동물을 기리기 위해 추가로 기도문이 적힌 판, 꽃, 화환을 구매할 수 있다.

　　물론 일본의 반려동물 주인들 중에는 동물이 죽었을 때 지역의 위생당국에 전화를 걸어 쓰레기 트럭에 사체를 버리는 사람들도 있는 만큼('고양이 사체'라는 식으로 확실히 라벨이 붙은 상자에 들어 있어야 한다) 동물을 취급하는 방식은 주인에 따라 다르다. 하지만 쓰레기 트럭을 선택하는 사람들조차도 라벨이 붙은 상자 옆에 음식이나 꽃을 놓아 불교의 전통을 따르는 경우가 많다.

나는 결혼 전인 2017년 3월 지금의 남편인 리치와 함께 대학 시절 룸메이트였던 리를 만나러 일본에 갔다. 완다에게 부종 진단을 내렸던 리는 2012년부터 일본에 살았다. 리치와 나는 교토에 있는 대나무 숲, 나라의 고대 사원, 후지산 전망대, 그리고 도쿄에서 두 번째로 도래된 불교 사원인 진다이지의 경내에 있는 반려동물 묘지 '세카이 도부쓰 도모노카이(세계 동물 친구 모임)' 등 우리가 꼭 들르고 싶은 여행지의 목록을 만들었다. 진다이지의 반려동물 묘지가 반드시 들어가야 한다고 주장한 사람은 물론 나였다. 너그러운 성격인 리치도 동의했다.

진다이지가 있는 도쿄 서부 지역까지는 열차를 두 번 갈아타며 1시간 이상 소요되었다. 조후역에 도착한 후에도 우리는 30분을 더 걸어 묘지가 위치한 사원에 다다랐다. 걷다 보니 여기가 도쿄의 교외라는 실감이 났다. 돌과 벽토로 마감한 작은 집, 울타리로 둘러싸인 작은 마당, 자전거, 스쿠터, 발코니에 널어놓은 빨래가 보였다.

진다이지 입구에서 우리는 경내에 있는 오래된 건물들과 진다이지의 특산품 중 하나인 소바 가게를 표시한 지도를 받았다. 하지만 지도의 그 어디에도 반려동물 묘지는 나와 있지 않았다. 나는 좌절에 빠져 숨을 헐떡였다. 대체 어디 있는 걸까? 리치는 헤매면서도 어떻게든 찾아보자고 제안했다. 이끼로 덮인 돌길과 개울 위를 지나는 둥근 목제 다리, 조각된 석등이 이어지는 절 풍경은 평화로웠다. 사람들은 검은 기와지붕이 우뚝 솟은 목조 사원에 멈춰 서서 향을 피우거나 제물을 남겼다. 새들이 지저귀고, 물에서 잉어가 튀어 오르고, 거북이가 바위 위에서 햇볕을 쬐고 있었지만 반려동물 묘지는 어디 있는지 도통 찾을 수가 없었다. 심장이 덜컥 내려앉았다. 절 입구 근처 가판대에서 메밀국수 냄새가 나기 시작했다. 이제는 포기하고 점심을 먹어야 할 때인지도 몰랐다.

하지만 그때 한 나이 든 남자가 웨스트 하이랜드 화이트 테리어를 데리고 언덕을 천천히 오르는 모습이 보였다. 그 모습을 보니 다시 희망이 솟았다. 다른 사원 건물에서는 반려동물을 본 적이 없었기 때문이다. 그 남자를 따라가면 된다는 예감이 들었고, 이내 반려동물 묘지 중앙에 높은 석탑이 있다는 설명을 읽은 기억이 떠올랐다. 내가 고개를 들어 오른쪽을 바라보자 나무 사이로 석조 구조물이 보였다. 리치와 나는 그쪽으로 통하는 길을 따라 모퉁이를 돌았고, 나무 봉헌 명판이 끝도 없이 줄지어 걸려 있는 석탑을 발견했다. '에마'라고 불리는 이 명판들은 앞서 방문한 모든 사원에서도 본 적이 있었다. 하지만 이곳 에마들은 조금 달랐다. 네임 펜으로 그린 동물 수염과 코, 만화처럼 그린 개와 고양이 그림이 있었고 발자국이나 하트 무늬도 찍혀 있었다. 그토록 찾아 헤맨 반려동물 묘지였다.

리치와 나는 안뜰로 들어가 액자에 담긴 개와 고양이의 사진이 즐비한 선반으로 둘러싸인 석탑을 향해 나아갔다. 작은 유골함과 제물로 놓인 개 사료 깡통 더미, 캣닢 봉지, 테니스공, 찍찍 소리가 나는 쥐 봉제 인형, 꽃들이 보였다.

나는 줄지어 늘어선 돌무덤을 따라 걸었다. 각각의 무덤은 모서리가 대략 30센티미터인 정육면체의 어두운 검은색 화강암 재질이었고 옅은 회색으로 글씨가 새겨져 있었다. 주로 사랑했던 반려동물의 이름과 사망한 날짜가 일본어와 영어로 적혀 있었다. 사진처럼 사실적인 그림체의 초상화도 내 앞에 불쑥 나타났다. 코기 품종의 개가 웃고 있는 그 액자 아래에는 "케빈, 영원히"라고 적혀 있었다. 조이라는 늙은 골든 리트리버, 토끼, 후드티를 입은 시바견의 초상도 보였다. 몇몇 무덤에는 안쪽으로 통하는 창이 뚫려 유리를 통해 항아리나 사진을 비롯한 귀중한 물건들을 구경할 수 있었다. 무덤의 바깥쪽은 금속 화병에 꽂힌 꽃과 촛불이 장식했다. 나는 향냄새와 햇살 속에서 고요함을 느끼며 멀리서 새가 지저귀는 소리와 승려들의 염불 소리를 들었다. 내가 가본 미국이나 유럽의 반려동물 묘지와는 달랐지만 비슷한 점도 여럿 존재했다. 특히 주인들이 느끼는 반려동물을 향한 애정은 문화의 차이를 거뜬히 넘어 손에 잡히듯 잘 느껴졌다.

　　나는 정육면체 돌무덤들 사이에서 빠져나오려다가도 이따금 멈춰 서서 적힌 글씨를 읽고 초상화를 감상했다. 돌무덤의 마지막 줄에 다다랐을 때 비로소 이 묘지를 둘러싸고 있는 건물 내부에 기념 공간이 계속 늘어서 있다는 사실을 알아차렸다. 반원형의 건물은 하나의 큰 영묘로, 좌우 양쪽에 바닥부터 천장까지 나무 선반이 늘어선 4개의 복도를 통해 수많은 작은 사각 공간으로 나뉘었고, 여기에는 죽은 동물을 기리는 사진, 꽃, 항아리, 장난감, 음식이 담겨 있었다.

　　나는 안으로 걸어 들어가 복도를 빠짐없이 훑으며 개, 고양이, 햄스터, 페럿, 모래쥐, 토끼, 얼룩다람쥐(얼룩다람쥐의 무덤이라니!)의 사진을 구경했다. 심지어 한 쌍의 닭을 찍은 사진도 있었다. 리치는 바깥에 머무르기로 했다. 반려동물의 죽음과 관련된 모든 것이 그의 마음을 아프게 하기 때문이었다. 리치는 이미 눈가가 촉촉해져 내부는 고사하고 외부의 무덤을 둘러보는 것도 무리였다. 그래도 나는 모든 선반을 빠뜨리지 않고 살피려 애썼다. 그렇게 전부 돌아보느라 정신이 팔린 탓에 나는 아까까지 받침쇠로 받쳐 열려 있던 안뜰로 통하는 문들이 하나둘씩 닫히고 있다는 사실을 눈치채지 못했다. 그러다 마침내 그 사실을 알아차린 나는 당황했다. 벌써 문 닫을 시간인가? 일본까지 와서 반려동물 묘지에 갇힐 판인가? 나는 닫힌 문의 창을 통해 밖을 빼꼼 내다보다가 손잡이를 한번

밀어보았다. 다행히 잠겨 있지는 않았다. 나는 안도의 한숨을 내쉬었다.

그런데 문의 유리창을 통해 회색 예복을 입은 두 승려와 푸른색 예복을 입은 한 승려가 석탑 아래쪽의 하얀 천막 밑 커다란 제단으로 걸어가는 모습이 눈에 띄었다. 이들은 염불을 외며 석탑과 무덤으로 둘러싸인 안뜰로 들어갔다. 처음 들어왔을 때는 묘지 각각에 정신이 팔려 제단을 유심히 살피지 않았지만, 자세히 보니 커다란 꽃다발과 개와 고양이 사료 깡통 더미, 제단과 마주하고 줄지어 선 의자들이 눈에 들어왔다. 승려들은 천막 앞에 도착해 향과 초를 피우며 염불을 계속했고, 한 무리의 사람들도 자리에 앉은 채 각자 기도를 하는 것처럼 보였다. 서로 대화를 하거나 반갑게 인사하지 않는 것으로 보아 서로 모르는 사람들인 듯했다. 심지어 주변에 다른 사람들이 있다는 것도 의식하지 않았다. 다들 각자의 생각과 성찰에 푹 빠진 듯했다. 이들이 한 사람씩 제단에 올라 향을 피우고 절을 세 번 하는 동안 승려들은 제단을 바라보며 계속 염불을 외웠다. 나는 문 앞에 서서 창밖을 지켜보았다. 이곳 영묘를 떠날 엄두가 나지 않았다. 도저히 반려동물 추모식을 방해할 수 없었다. 리치가 어디 있는지 궁금했지만 이내 조문객에 둘러싸인 채 뒤에서 고개를 공손하게 숙이고 있는 그의 모습을 발견했다.

나중에 알게 된 바로는, 이런 반려동물 묘지들은 매년

정기적으로 "배고픈 귀신을 먹이는 법회" 중 하나인 세가키를 지낸다고 했다. 세가키는 여름철 축제인 오봉과 춘분 무렵에 시행된다. 리치와 내가 방문한 시기는 3월의 춘분 직후였다. 일부러 애써도 이렇게 타이밍을 잘 맞출 수 없었을 것이다. 그날 유리창 너머로 승려들이 염불을 외고 반려동물 보호자들이 죽은 동물을 기리며 향을 피우는 모습을 직접 보니 마치 운명처럼 느껴졌다. 의식은 정말 감동적이었다. 완다나 키키, 아리스토텔레스가 나를 이곳으로 안내한 것은 아닌지 잠시 생각에 빠졌을 정도였다.

그 의식들은 침울하고 진지하며 무척 고전적으로 느껴졌다. 나중에 알게 되겠지만 절의 반려동물 묘지에서 행하는 많은 의식은 "발명된 전통"이다. 이는 오래된 관습을 바탕으로 한 새로운 관습이며 고전적이고 형식적인 느낌을 준다. 일본에서 반려동물은 비교적 새로운 개념이다. '반려동물'에 해당하는 최초의 현대식 용어가 20세기 초에 나타났는데, 이 시기는 일본 최초의 반려동물 묘지가 건설되었을 때이기도 했다(고고학자들이 도쿄에서 1766년으로 거슬러 올라가는 개와 고양이 묘비 5개를 발견한 적이 있지만 말이다). 현재 일본에는 수백 곳의 반려동물 묘지가 있으며 그중 상당수는 불교 사원에서 운영한다. 사원에 있는 묘지가 아니어도 대부분 불교 승려들과 연결되어 있다. 바버라 앰브로스의 설명으로는 반려동물 묘지에서 행해지는 대부분의 의식이 1930년대에서 1940년대 사이에 시작되었고, 1970년대에서 1980년대 들어 흔해졌다. 이 제 매년 춘분마다 돌아오는 '슌분노히(조상을 기리는 일본의 기념일)'에 사람들은 죽은 조상들의 무덤뿐만 아니라 죽은 반려동물의 무덤도 방문한다.

진다이지에 있는 반려동물 묘지도 내가 아는 미국의 반려동물 묘지에 비하면 비교적 최근에 생겼다. 진다이지 반려동물 공동묘지는 1962년에 설립되었으며, 사찰에서 공간을 빌려 민간 기업이 운영한다. 앰브로스는 반려동물 묘지 회사들을 이렇게 설명한다. "상당수의 이런 회사들은 고객들에게 자신을 준종교 기관으로 홍보하기 위해서 사원 부지를 활용한다. 세속적인 반려동물 묘지가 불교 사찰을 모방하는 것인지, 불교 사찰이 반려동물 묘지를 모방하는 것인지를 따지는 건 부질없는 일이다." 하지만 나는 나중에 더 정확한 답을 알았다.

어쨌든 나는 다시 영묘 안의 좁은 복도로 돌아갔고, 밖에서 추도식을 진행하는 소리를 들으면서 각각의 공간에 놓인 사진과 제물을 더 둘러보았다. 내 할아버지가 키우던 개 사만다와 많이 닮은 요크셔테리어의 사진이 보였다. 처키와 많이 닮은 햄스터의 사진 액자는 분홍색 조화로 둘러싸여 있었다. 털이 보송보송한 세모 귀를 가진 노르스름한 흰색 테리어는 햇볕에 그을린 사진 속에서 나를 향해 미소를 지었다. 나는 사진의 양쪽에 놓인 꽃과 찻잔을 바라보며 기억을 더듬었다. 비록 내가 속한 문화와 전통이 아니었고 승려들의 염불이 무슨 내용인지 이해할 수 없는 데다 이 모든 게 어떤 의미인지 완전히 확신할 수도 없었지만, 나는 이런 시간을 내게 준 이 의식에 감사했다. 나는 살면서 알았던 모든 동물을 돌아보며 그들에게서 각각 무엇을 배웠는지 되짚었다. 키키에게서 받은 사랑, 아리스토텔레스에게서 받은 포용력, 완다에게서 받은 책임감이 생각났다. 영묘에 머무르는 30여 분 동안 승려들은 계속 염불을 외웠고 나는 추억을 되새겼다.

마침내 승려들이 퇴장하고 사람들이 뿔뿔이 흩어지자 완전히 지친 모습의 리치가 눈에 들어왔다. 리치는 나를 보더니 고개를 가로저었다. "당신이 여기까지 와서 불교의 반려동물 장례식에 참석하지 않았다니 믿을 수가 없어." 리치는 한숨을 내쉬더니 점심으로 소바를 먹자고 제안했고, 나는 사진을 몇 장 더 찍을 시간이 필요하다고 대답했다. 리치가 안뜰을 떠나 오솔길에서 나를 기다리는 동안 나는 햇볕 아래 잠시 멈춰 섰다가 바깥의 묘지를 향해 돌아섰다. 보스턴 외곽의 파인 리지 반려동물 묘지를 처음 방문했을 때 나는 내가 반려동물 묘지를 다 안다고 생각했다. 내 반려동물이 어디에 있는지 알고 있고, 언제든 그 묘지로 돌아가 옆에 앉을 수 있고, 심지어 다른 곳으로 이사를 가더라도 내 반려동물이 어디에 누워 있는지 알고 있었기 때문이다. 하츠데일 반려동물 묘지를 설립한 수의사 새뮤얼 존슨 박사는 맨해튼에 거주하지만 자기 동물을 묻을 정원이나 뜰이 마땅히 없는 고객들을 위해 뉴욕 하츠데일에 있는 자신의 사과 과수원에 사체를 묻어주기 시작했다. 앰브로스에 따르면 반려동물 공동묘지는 "공간적 안정성"을 제공한다. 진다이지의 반려동물 묘지에서도 이 모든 것이 사실이었다. 하지만 여기에 더해 그날 도쿄 교외의 사찰에서 나는 어떤 공동체가 존재한다는 느낌을 받았다.

　　앰브로스가 도쿄에서 외국인 연구자로 일하던 1999년, 그녀는 키우던 앵무새 호머가 발작을 일으키는 바람에 안락사를 시켜야 하는 상황에 놓였다. 앰브로스에게는 두 가지 선택권이 주어졌다. 하나는 호머의 시신을 집으로 가져가 스스로 처리하는 것이고, 다른 하나는 불교식 반려동물 묘지에 묻는 것이었다. 앰브로스는 "신기함과 호기심"으로 후자를 선택했다. 그리고 얼마 후 반려동물 묘지에 방문했을 때, 호머의 마지막 안식처가 생화와 통조림 사료, 사진을 비롯한 다른 기념품들로 가득 찬 곳이라는 점에 깊은 감명을 받았다. 저서 《논쟁의 뼈대들》에서 앰브로스는 자신이 인터뷰한 일본 시민들 가운데 상당수가 사후 세계에서 반려동물이 외로울까 봐 걱정했다고 언급했다. "사람들은 이렇게 말했다. '평생 보호자와 한 번도 떨어져본 적이 없는 개들인데 산에 묻히는 걸 견딜 수 없을 거예요. 그런 낯선 곳에서 외로워할 게 분명해요.'" 앰브로스는 세상을 떠난 수십 마리의 다른 반려동물에 둘러싸인 호머가 외로움을 느끼지 않을 것 같다고 느꼈다.

세상에는 차갑게 버려지고 고립되어 퇴락하는 인간들의 공동묘지가 많지만, 그날 꽃과 향으로 둘러싸인 따뜻한 햇살 속의 진다이지는 달랐다. 반려동물 보호자들이 정말로 사랑했던 동물들에게 남긴 애정 어린 메시지가 넘치는 그곳은 죽은 동물과 살아 있는 사람 모두에게 세상 어디보다 외롭지 않은 장소였다. 애도를 위해 모이는 사람들의 무리와 이미 옹기종기 모여 있는 동물들의 영혼이 서로를 편안하게 껴안는 듯했다. 그곳은 산 자와 죽은 자가 사랑과 우정으로 함께하고 있었다.

"모든 동물에게는 영혼이 충만합니다.
하지만 제가 볼 때
그 영혼들에게 구원이 필요하지는 않은 것 같습니다.
동물들은 절대 정직하지 않은 짓을 저지르지 않거든요."

—메인주 성공회 교구 주교, 토머스 브라운

**6**

어떤 말은 영웅이 되고
어떤 말은 다른 동물의 사료가 된다

2008년 6월 4일, 음산하게 비가 내리는 뉴잉글랜드의 초여름이었다. 하지만 정말 중요한 날이었기 때문에 얼어붙는 듯한 차가운 비가 내려도 상관없었다. 드디어 할아버지와 함께 경마장에 가고 있었기 때문이다. 할아버지는 서머빌에서 보험 사무소를 운영했다. 그는 내 평생보다 더 긴 세월 동안 오후 휴식 시간마다 이스트 보스턴의 서펔 다운스 경마장을 찾았다. 그렇다고 할아버지가 도박에 빠져 경마장에 드나든 것은 아니다. 할아버지는 그저 말에 집착했다. 그는 유명한 말들의 통계 수치를 암기하고 그것에 관한 책을 탐독했다. 할아버지는 매일 〈데일리 경마 신문〉을 읽었고, 경주마가 등장하는 영화 〈씨비스킷〉과 〈세크리테어리엇〉을 개봉 당일 저녁에 보았다. 그는 아메리칸 파라오가 3관왕을 차지하던 순간에 대해 하루 종일 얘기할 수 있는 사람이었다. 어린 시절부터 말과 사랑에 빠진 할아버지는 서머빌에서 두 마리의 말을 키우는 폴이라는 남자의 이웃집에서 자랐다. "한 마리는 갈기와 꼬리가 흰색이고 털은 크림색인 팔로미노였고, 다른 한 마리는 한쪽 눈이 보이지 않는 은퇴한 경주마였지." 할아버지가 설명했다. "어느 날은 폴이 나를 들어 올려 팔로미노의 등에 태운 다음 뒷마당을 돌아다니게 해줬단다." 어린 시절 말에 올라탔던 느낌과 위풍당당한 말에 대한 기억을 떠올리며 그는 눈을 반짝였다. "정말 대단했지. 감탄만 나왔어." 할아버지는 그 이후 말에 푹 빠졌다고 했다.

어렸을 때부터 서퍽 다운스 경마장에 정말 가고 싶었지만 할아버지는 절대 따라오지 못하게 했다. 할아버지는 경마장이 얼마나 "타락"으로 가득 차 있는지 설명하면서 화제를 돌리곤 했다. 그 후로도 오랜 시간 동안 나는 할아버지를 졸라댔고, 대학교 2학년이 된 지 얼마 지나지 않은 6월의 어느 비 오는 날 마침내 할아버지는 나와 어머니를 데리고 경마장에 갔다.

다운스는 예상했던 것보다 매력적인 장소가 아니었다. 수십 년 동안 켜켜이 찌든 담배 냄새가 났고, 먼지 쌓인 카펫은 군데군데 바닥까지 닳아 있었다. 그곳에 들어간 순간부터 엄마의 재채기가 멈추지 않을 만큼 충격적인 상태였다. (우리가 방문한 그날 이후 6년 만에 실시간 경마를 중단했으며, 2017년에 개발업자에게 부동산을 매각하고 완전히 문을 닫았다는 소식을 들었을 때 전혀 놀라지 않았던 것도 이 때문이다. 2008년에 이미 폐쇄 직전이었기 때문이다.) 하지만 말들이 달리기 시작하자 상황이 바뀌었다. 나는 경마의 매력에 빠져버렸다. 말이 달리는 모습을 실제로 본 건 난생 처음이었다. 텔레비전에서 볼 수 있는 것은 트랙을 달리는 동안 밝은 옷을 입은 작은 기수가 올라탄 말의 일부일 뿐이다. 하지만 경마장에서는 말과 나 사이를 가로막은 텔레비전 화면과는 비교도 안 될 정도로 말들이 가까이 보인다. 축 늘어진 혀와 거친 눈동자, 돌진하는 동안 수축하는 근육을 볼 수 있고, 발굽이 쿵쿵 땅을 내딛는 소리와 말들이 쌩 지나갈 때 불어오는 바람도 느낄 수 있다. 말들이 얼마나 열심히 달리고 있고, 기수뿐만 아니라 말들도 얼마나 경주에서 이기기를 바라는지 그 열망이 고스란히 느껴졌다. 엄마는 스위트 재즈라는 말이 3등을 했을 때 10달러 40센트를 땄고, 디너 백스테이지라는 말에도 돈을 걸어 7달러를 더 벌었다. 할아버지와 나는 우리가 엄마를 경마 중독자로 만들었다고 농담을 던졌다.

그리고 세 번째 경주가 시작되었다. 할아버지와 내가 응원하는 1번 말인 센티멘털 리사가 가장 먼저 들어오자 우리는 환호했다. 하지만 기쁨은 오래가지 못했다. 센티멘털 리사가 우승한 뒤 몇 초 지나지 않아 3번 말인 파루시가 결승선으로 돌진하다가 발을 헛디뎌 넘어지고 말았다. 시끌벅적한 환호와 담배 연기, 농담과 술기운으로 활기가 넘치던 서퍽 다운스 경마장이 순간 조용해졌다. 사육사들이 하얀 장막을 가져와 사람들이 보지 못하게 말과 관중석 사이를 가렸다. 뒤이어 수의사가 하얀 장막 뒤에서 파루시를 살폈다. 트럭 한 대가 경마장으로 달려와 말의 사체를 실어 가기까지는 몇 분이 더 걸렸다.

"빌어먹을, 젠장!" 할아버지가 거의 울 것 같은 표정으로 고개를 절레절레 흔들었다. "내가 가장 바라지 않던 일이 일어났어. 바로 오늘 우리 눈앞에서 말이야. 이래서 널 데려오고 싶지 않았던 거란다. 젠장, 젠장!"

# 182

아는 동물의 죽음

　　엄마는 망쳐버린 오후의 분위기를 되살리고자 평소보다 지나치게 쾌활한 모습을 보였다. 우리는 네 번째 경주에도 내기를 걸었지만 경기가 시작되기 전에 취소되었고, 뒤이어 그날 예정된 나머지 5개의 경주도 취소되었다. 주최 측은 경마장 바닥이 젖었다며 안전상의 이유를 들었다.[8] 집으로 돌아온 우리는 오후 내내 말이 없었다. 파루시를 개인적으로 알지는 못했지만 그날만큼은 내 반려동물처럼 느껴졌다. 물론 파루시의 주인들은 나보다 말의 죽음을 더 슬프게 느끼고 있을 테지만, 서퍽 다운스에 머무는 동안 파루시는 우리 모두의 것처럼 느껴졌다.

　　말은 개나 고양이를 비롯한 다른 반려동물에 비해 말 그대로, 그리고 비유적으로 많은 사람의 소유물인 경우가 많다. 유명한 경주마들은 마치 회사처럼 많은 사람이 투자할 수 있도록 지분을 나누어 판매하는데, 이것은 25년 정도 되는 말의 생애 동안 많은 사람을 만나게 된다는 뜻이기도 하다. 이 경우 말이 만나는 첫 번째 사람은 갓 태어난 새끼 또는 망아지 때부터 본 사육업자들이다. 그리고 이 사육업자들이 말을 직접 사육하지 않는다고 가정하면, 이 업자들에게 어린 말을 구입하는 주인들이 있다. 만약 말이 경주를 한다면 조련사, 사육 담당자, 말의 털을 솔질하는 담당자, 수의사, 기수를 비롯

8　몇 년 뒤 나는 파루시가 결승선을 확실히 넘은 뒤 심장마비로 죽었고, 트랙의 상태는 파루시의 죽음과 아무런 관련이 없다는 사실을 알게 되었다.

해 지분을 가진 다른 여러 주인까지 무척 많은 사람이 추가로 관여한다. 이후로 말이 은퇴하면 번식용 암말이나 종마, 묘기를 부리는 말, 사냥용 말, 야외에서 사람들을 태우는 말, 개인 반려동물처럼 다양한 두 번째 직업을 가질 수 있다. 그러니 말 한 마리의 일생 동안 수십 명, 혹은 수백 명의 인간이 그 말에게 애착을 가질 수 있다. 게다가 유명한 말들은 팬도 있다.

1917년 3월 29일에 태어난 매노워는 역사상 큰 성공을 거둔 경주마다. 매노워는 1919년 8월에 열린 샌퍼드 메모리얼 스테이크스 경주에서 '업셋('속상함, 혼란'이라는 뜻—옮긴이)'이라는 딱 맞는 이름을 가진 말에게 진 것을 제외하면 21개 경주에서 1위를 휩쓸었다. 이 기록 때문에 딱 한 가지 오점이 생겼지만, 매노워가 챔피언이라는 사실은 아무도 부인하지 못했다. 매노워는 빠르게 명성을 얻었고, 집착에 가까울 만큼 그에게 빠진 팬도 많았다. 매노워가 등장하는 기념엽서와 사진, 한정판 크리스마스 장식과 시계, 매노워를 돋을새김한 은 장식품과 술잔, 브로치처럼 옷에 꽂는 라펠 핀과 메모용 카드가 출시됐다. 매노워는 경마에 나왔다 하면 우승 후보였고, 그중 세 번은 우승 확률이 100퍼센트였다. 매노워는 생일 파티 소식이 지역 라디오에 방송될 만큼 사랑받았다. 매노워가 하나도 아닌 2개의 생일 케이크 뒤에 뻐기듯 당당하게 서 있는 사진도 있다. 이렇게 인기를 누렸던 만큼 매노워가 은퇴하자 약

300만 명이 켄터키주 렉싱턴에 있는 파러웨이 농장의 '빅 레드(매노워의 별명—옮긴이)'를 찾아왔다.

그러던 1947년 11월 1일, 매노워는 서른 살의 나이에 심장마비로 세상을 떠났다. 파러웨이 농장의 마구간에서 약 590킬로그램의 사체를 들어 올리는 데 13명의 장정이 필요했다. 매노워의 사체는 보존 처리되었는데, 말을 이렇게 처리한 첫 사례였다. 평균 체격인 사람의 사체를 보존 처리할 때 포름알데히드 혼합물 2병이 필요하다면, 메노워는 23병이 필요했다. 이 챔피언이 쉴 관은 가로 6피트, 세로 9피트 반, 높이 3피트 반의 크기에, 주인인 새뮤얼 D. 리들이 좋아하는 색인 노란색과 검은색 실크로 내부를 덧댔다. 매노워의 관은 그의 후손 가운데 여러 모로 뛰어난 워 어드미럴과 워 렐릭 두 마리가 지켜보는 가운데 파러웨이 농장의 헛간 중앙 통로에 위엄 있게 놓였다.

1947년 11월 3일, 매노워의 장례식이 치러지는 오후 3시가 되자 미국 전역의 경마장에서 동시에 추모의 시간을 가졌다. 이날 렉싱턴주는 어린이들도 어른과 같이 조문할 수 있도록 휴교를 결정했고, 매노워가 영원한 잠에 드는 모습을 2000명이 넘게 참석해 지켜보았다. 추도식은 NBC 라디오에서 방송되었고 9명이 추도사를 보냈다.

매년 많은 사람이 파러웨이 농장에 묻힌 매노워를 찾아왔다. 그러다 1976년에 무덤을 파서 렉싱턴을 6마일 가로질러 새로 지은 켄터키 말 테마 공원으로 옮긴 다음 실물 크기의 동상 아래 다시 묻었다. 매노워가 태어난 지 100년이 넘은 지금도 매년 수천 명이 이 무덤을 찾는다.

우리도 그런 추모객 중 하나였다. 할아버지와 나는 2016년 6월 렉싱턴으로 여행을 갔다가 매노워의 무덤을 방문했다. 경마로 전 세계에서 손꼽히는 서펔 다운스를 들르니 무척 신이 났다. 평생 말을 좋아하셨던 할아버지이기에 충분히 이해되는 선택이었다. 나는 나만의 취재를 하기로 했다. 할아버지가 살아 있는 말을 보기 위해 켄터키로 가는 동안 나는 죽은 말을 보기로 마음먹었다.

우리는 여행 가이드를 고용해 서러브레드 헤리티지 말 농장 투어에 나섰다. 가이드의 이름은 존이었는데 파트타임 여행 안내인이자 파트타임 장로교 목사였다(우리가 투어를 하는 동안 존은 자신이 우연히 켄터키 말 테마 공원에서 오염된 물을 마시고 죽은 말들의 장례식을 주재했다고 말했다. "저는 사람의 장례식에서 사용하는 것과 동일한 대본을 사용했죠." 존이 말했다. "그런 다음 말이 등장하는 성경 구절을 늘어놓았어요. 예수님이 어떻게 말을 타고 돌아왔는지, 요한 계시록에 등장하는 말 네 마리 이야기, 그리고 욥기 끄트머리의 말이 등장하는 부분이었죠."). 존은 첫날 아침 우리를 밴에 태우고 시내를 나섰다. 나는 존에게 북아메리카에서 가장 유명한 동물들의 마지막 안식처를 둘러보고 싶다고 부탁했다. 존은 흔쾌히 힐 앤 데일 농장으로 향했다.

"여기에 누가 쉬고 있는지 맞춰볼래요?" 농장 진입로를 따라 내려가는 동안 존이 물었다. 존은 몇 가지 단서를 주었는데 내가 잘 모르는 경마 지식이었다. "그 녀석의 아버지는 볼드 리즈닝이었고, 어미는 마이 차머였죠. 1977년에 3관왕에 올랐어요. 3관왕 가운데 패배한 적이 없는 유일한 말이기도 했답니다." 할아버지는 여기까지 듣고 즉각 알아차렸다. "시애틀 슬루!"

진입로가 끝나자 존은 아스팔트와 돌길의 중간에 있는 초록색 지대에 밴을 세웠다. 약 2피트 높이의 청동 말이 역시 2피트 높이의 받침대에 올라 담쟁이덩굴로 덮인 토담 너머를 내다보고 있었다. 존은 큰 경주가 열리는 날이면 시애틀 슬루 동상이 꽃으로 치장된다고 설명했다. 무덤은 너도밤나무 네 그루로 둘러싸여 있고, 진입로 반대편 둥근 바깥쪽 풀밭에는 힐 앤 데일 농장의 자랑이자 기쁨이었던 다른 말들의 무덤이 있었다. 티밍, 매드캡 에스커페이드, 데이진, 시어트리컬, 무타킴이 그들이다. 나뭇잎을 스친 햇볕이 그곳에서 은은하게 번졌다. 온통 따뜻하고 생동감 넘치며 평화로운 밝은 초록색으로 고동쳤다. 챔피언이 쉬기에 이상적인 터전이었다.

우리는 시애틀 슬루의 무덤을 시작으로 여러 무덤을 계속 둘러보았다. 힐 앤 데일 농장에서 나온 이후 존은 《보스턴 글로브》지의 영화 평론가였던 마이클 블로우언이 설립한 농장 '올드 프렌즈'로 우리를 데려갔다. 은퇴한 서러브레드 품종들을 위해 만든 농장이었다. 블로우언은 1980년대 후반을 주름잡았던 경주마 퍼디낸드의 죽음을 경험한 이후 이 농장을 차리기로 마음먹었다. 1986년 켄터키 더비와 1987년 브리더스컵 클래식 우승자이자 1987년 이클립스 올해의 말 상을 수상하고 경주에서 은퇴한 퍼디낸드는 1994년에 일본의 번식 농장으로 팔려갔다. 하지만 나이가 들어 생체 능력이 예전 같지 않자(여러분도 무슨 말인지 알 것이다) 이 농장은 퍼디낸드의 이전 주인들이 말을 다시 되찾고자 하는지 알아보지도 않은 채 말을 도살장으로 보냈다. 말을 판매하는 중개상인 와타나베 요시카즈는 이렇게 말했다고 한다. "퍼디낸드는 작년에 처분되었어요. 그 말은 나이가 들어 몸이 불편했습니다."

　'처분'이라는 단어가 내 귀에 꽂혔다. 사람들은 보통 사랑하는 동물의 죽음에 대해 말할 때 '내려놓다', '쉬다', '잠자다', 심지어 '보내다'라는 단어를 사용한다. 하지만 '처분'은 그보다 거칠고 무뚝뚝하며 그저 사용 가치가 다 된 자원을 버린다는 뜻이다. 그건 감정이나 개성을 가진 동물이라든지, 사람들이 사랑했던 챔피언 경주마에게 쓸 단어가 아니다. 게다가 '처분'된 퍼디낸드의 사체가 다른 동물의 사료로 쓰였다는 소문도 돌았다. 이 이야기는 말을 사랑하는 사람들의 분노를 불러일으켰다. 그 이후 말을 사들인 새 주인이 더 이상 그 말을 원하지 않을 경우, '처분'하기 전에 이전 주인에게 다시 말을 원하는지 물어봐야 한다고 주장하며 계약서에 역구매 조항을 추가하기 시작했다.

　　하지만 하루 종일 말들의 무덤을 돌아다니면서 존이 알려준 바에 따르면, 죽은 말들이 반려동물 사료가 되는 건 드문 일이 아니었다. 말의 사체는 다양하게 처리되는데, 방부제 보존 처리처럼 화려한 방식은 매노워 같은 최고의 엘리트 경주마 정도여야 가능하다. 시애틀 슬루 정도의 유명한 말들은 사체를 통째로 묻거나 특별한 장소에 매장하곤 한다. 바르바로는 2006년 프리크니스 경주에서 두 앞다리가 산산 조각난 이후 처칠 다운스에 묻혔다. 1990년 브리더스컵 디스타프에서 치명적인 부상을 입은 고 포 원드는 사라토가 경마장 안쪽 뜰에 묻혔다. 애호가들이 사랑하기는 했지만 아주 유명하지는 않았던 말들은 사체를 온전히 매장하지 않는다. 전통에 따르면 이런 순종 말들은 사체의 다른 부분은 제거한 채 머리, 심장, 발굽만 묻는다. 머리에는 말의 뇌가 들어 있고, 심장은 말의 생동감 넘치는 정신이 담겼으며, 발굽은 말의 운동성을 책임진다는 이유에서다. 사체의 나머지 부분은 화장하거나 축산 처리 가공장으로 보낸다. 이 공장은 동물의 사체를 잘게 썰어 기름이나 지방, 수지, 비누, 젤라틴, 접착제(《동물농장》의 '복서'처럼) 같은 다른 용도로 활용하도록 준비한다. 때로는 말의 일부를 보존 처리해 매장하지 않고 전시하기도 한다. 릴런드 스탠포드에서 수상한 경주마인 엘렉셔니어의 귀와 두피, 발굽 하나는 스탠포드대학교의 아이리스&B. 제럴드 캔터 시각 예술 센터에 전시되어 있다. 물론 이런 명예조차 누리지 못하는 말도 많다. 이런 말들은 사체를 전부 공장으로 보낸다.

이런 다양한 과정에 대한 존의 설명을 듣던 중, 특히 말이 늙고 아프면 무덤을 파서 아직 살아 있는 말을 그곳으로 끌고 가 아직도 따뜻한 몸이 무덤 아래로 떨어지도록 안락사하는 것이야말로 최고의 방법이라는 말을 듣는 순간 머리가 빙글빙글 돌며 혼란스러웠다. 어떤 말이 특정한 종류의 장례를 치를 가치가 있는지 없는지를 누가 결정한단 말인가? 어떤 동물이 매장될 가치가 있는지를 누가 결정하는가?

이런 질문들에 휩싸여 괴로운 와중에 존과 나머지 말들의 묘지를 둘러보았다. 올드 프렌즈 농장에 있는 수십 개의 묘지, 월맥 농장의 말 네 마리의 묘지(누레예프, 미스와키, 얼리지드, 라이즌 스타), 막달레나 농장(일하는 말들을 키우는 농장)의 말 20여 마리와 개 한 마리의 묘지, 함부르크 플레이스 말 공동묘지(월마트 주차장 뒤편의 잔디밭)에 자리한 18개의 묘지 등이었다. 묘지의 형태는 각양각색이었다. 월맥 농장을 비롯한 몇몇 곳은 시애틀 슬루의 묘지가 그렇듯이 평화로운 숲에 둥지를 틀었다. 반면에 막달레나 농장의 묘지는 살아 있는 말들의 방목장 뒤쪽 구석으로 밀려나 있었다. 그곳은 마치 필요해서 만든 것처럼 보였다. 마치 일하는 말들도 결국 여기서 죽어 나갈 것임을 암시하는 듯했다. 그리고 올드 프렌즈 농장은 말들의 무덤에 특별히 주의를 기울이는 것처럼 보였다. 특히 이곳은

늙은 말들의 양로원 같은 장소여서 죽은 말을 처리하는 것쯤
은 일상적인 업무였다. 여기서는 말들의 매장 여부가 아니라
장례식을 치른다는 점이 더 중요하다. 올드 프렌즈 농장의 직
원들은 매년 전몰장병 추모일(5월 마지막 주 월요일―옮긴이)마
다 지난해에 죽은 모든 말을 기리는 의식을 치른다.

어떤 동물이 장례식을 치를 만한 가치가 있는지에 대해
곰곰이 생각하는 동안, 나는 경주마와 관련된 금전적 이해관
계를 떠올렸다. 그래서 경주마가 죽었을 때 사람들이 그렇게
큰 소동을 벌인 것일까? 그렇다면 사람들은 훌륭한 돈벌이가
되어준 말에게 경의를 표하고 싶어 한 셈이다. 매노워를 예로
들어보자. 매노워가 달릴 때마다 사람들은 이 말에 돈을 걸었
고, 경주에서 이기면 금전적인 이득을 얻었다. 매노워 같은 순
종마를 가지려면 최소 수천에서 수백만 달러에 이르는 비용
이 든다. 이런 말들은 웬만한 사람보다 생명보험 액수가 더 크
다. 하지만 나는 여전히 오로지 돈 때문에 사람들이 경주마들
의 죽음을 추모하는 것인지 의아했다. 투자에는 감정적인 투
자도 있다. 꽃과 깃발, 추모의 메모로 장식된 이 모든 말들의
무덤을 달리 어떻게 설명할 수 있을까? 격식을 차리고 공을
들인 장례식일수록 그 말은 생전에 보다 큰 사랑을 받았을 것
이다.

나는 이튿날 클라이본 농장을 방문했을 때 이 가설을

시험했다. 할아버지와 함께 켄터키 여행을 계획하면서부터 나는 클라이본에 가려고 마음먹었다. 왜냐하면 이곳에 궁극의 3관왕 챔피언, 모든 경주마를 그야말로 제압했던 대단한 말 세크리테어리엇이 묻혀 있었기 때문이다.

세크리테어리엇은 신이었다. 세크리테어리엇의 주인이었던 페니 체너리에 따르면, 이 말은 "온 나라가 침울한 분위기"였던 시기에 경마장에 처음 모습을 드러냈다. 세크리테어리엇은 미국이 워터게이트 사건과 베트남 전쟁을 겪은 1972년에서 1973년 사이 16개월에 걸쳐 활약했다. 이 말은 나라 전체의 사기를 북돋웠다. 1973년 벨몬트에서 이전 대회 우승자들의 기록을 2초 앞당긴 2분 24초로 1마일 반의 트랙을 달려 우승한 놀라운 경기가 가장 잘 알려져 있다. 세크리테어리엇은 이 경주에서 우승하면서 1948년 이래 처음으로 대회 3관왕을 거머쥐었다. 세크리테어리엇의 벨몬트 대회 우승 영상을 보면 소름이 끼친다. 영상을 볼 때마다 나는 이 말이 앞으로 돌진하는 모습에 숨을 죽인다. 이렇게 강력한 힘으로 편안하게 달리는 모습은 정말이지 신을 보는 것 같다.

사람들은 이 말을 사랑했다. 세크리테어리엇이 은퇴 후 클라이본 농장으로 돌아와 종마가 되었을 때, 농장 직원들은 방목장 주변에 울타리를 쳐 말을 보기 위해 몰려드는 팬들을 막아야 했다. 나이가 들면서 세크리테어리엇은 발굽 조직의 퇴행성 질환인 제엽염에 걸렸는데, 이 병은 말에게 끔찍한 고통을 안기는 거의 불치병이다. 결국 세크리테어리엇은 열아홉 살이 된 1989년에 독극물 주사를 통해 안락사를 당했고, 역사상 두 번째로 사체를 방부 처리한 말이 되었다. 하지만 선배 매노워와는 달리 소규모의 비공개 장례식을 치렀고, 클라이본 농장에서 아버지인 볼드 룰러, 할아버지인 나스 룰러 옆에 묻혔다. 주문 제작한 관이 크레인을 통해 땅속에 내려졌고, 전국 각지의 팬들은 각자의 집에서 애도해야 했다.

나는 할아버지에게 세크리테어리엇이 죽었을 때 어디에 있었는지 기억하느냐고 물었다. 유명한 경주마의 죽음이 할아버지에게 케네디 대통령이 총에 맞은 사건과 비슷한 충격을 주었는지 궁금했다. "저런, 그건 모른단다." 할아버지가 대답했다. "그 말이 언제 죽었는데? 1980년대니? 그렇다면 나는 사업을 두 가지나 하고 있었고 넌 아기였을 무렵이로구나." 할아버지는 목소리가 잦아들면서 먼 산을 바라보았다. 나는 할아버지의 눈가가 촉촉해졌다는 사실을 알아차렸다. "발굽 문제였지? 그 말이 발굽에 병이 생겨서 보내주어야 했던 거야." 비록 우리가 어떤 동물을 만난 적이 없고 죽음을 곁에서 겪지 않았다 해도 그 느낌과 감정, 상실감은 오롯이 우리와 함께하곤 한다.

클라이본 농장에서는 세크리테어리엇을 조문하러 오는 방문객들을 무척 환영하며, 실제로 많은 사람이 이곳을 찾는다. 존과 나, 할아버지는 클레이본 농장의 사육사인 로데오가 이끄는 클레이본 투어에 참가했다. 우리 말고도 약 30명이 모였다. 로데오는 몸에 문신도 많고 허튼짓을 하지 않을 것처럼 보이는 남부 출신의 거친 남자 같았다. 하지만 우리가 이곳을 방문하기 몇 달 전에 세상을 떠난, 자기가 보살피던 말을 설명하는 대목에서는 분명히 감정적이었다. "매일 같은 말을 돌보다 보면 애착을 갖게 되죠. 말도 사육사와 정이 붙어요." 로데오는 자신이 휴가를 떠났을 때 몇 주 동안 다른 사육사가 자신이 담당하던 종마를 돌본 이야기를 들려주었다. 휴가를 마친 로데오가 마구간으로 가서 말들이 제일 좋아하는 간식인 박하사탕을 채 나눠주기도 전에 말들은 로데오의 목소리를 듣고 그가 돌아왔다는 사실을 알아챘다. 흥분한 말들은 들뜬 나머지 낑낑거리며 마구간 문을 향해 펄쩍 뛰었다. 이제 로데오는 데이터 링크라는 이름의 종마를 돌본다. 투어를 이끌던 로데오의 목소리를 알아챈 링크가 박하사탕을 찾아 마구간 문에 머리를 디밀었다. 집 앞 도로에서 나는 주인의 자동차 소리에 귀 기울이는 개와 다를 바가 없어 보였다.

　　농장을 거니는 동안 나는 로데오에게 그 전설적인 말이 어디에 묻혔는지 물었고, 그는 입구의 묘지를 가리켰다. 너무 소박하고 작아서 처음에 그곳을 보지 못하고 지나쳤을 정도였다. 울타리와 낮은 담장으로 둘러싸인 뜰 뒤편에 농장 사무실이자 화장실로 쓰이는 방 하나짜리 벽돌 건물이 숨어 있었다. 연철 대문 옆에는 두 마리의 수탉 조각상과 묘지 입구 표지판이 있었다. "이 수탉을 쓰다듬으세요. 그러면 행운이 옵니다." 존이 속삭였다. 로데오는 이 묘지가 꽉 찼기 때문에 말의 묘지를 기존 부지에 추가하는 대신 최근에 죽은 말부터 농장 뒤편의 훨씬 더 넓은 공동묘지에 묻는다고 설명했다. 그래도 나는 전설적인 경주마 세크리테어리엇의 묘비에 매노워와 비슷한 기념상이 있기를 기대했다. 하지만 기껏해야 실제 크기보다 살짝 크거나 시애틀 슬루의 그것처럼 조그만 조각상이 보였다. 이곳 묘지의 묘비들은 크기와 모양이 같았다. 어느 것도 다른 묘비보다 특별히 화려하지 않았다. 그래서 "세크리테어리엇, 1970~1989"라고 적힌 묘비를 발견하기까지 시간이 걸렸다. 나는 말이 유명할수록 매장 방식에 더 공을 들였을 거라는 가설을 세웠지만, 여기 보이는 간소함에도 아름다움이 있었다. 지의류와 이끼가 묘비를 덮었고 그 앞의 잔디밭에는 클로버가 꽃을 피우고 있었다. 세크리테어리엇의 무덤을 다른 말의 무덤과 구별하는 유일한 표식이 있다면, 퇴역 군인의 묘비처럼 흙에 꽂아놓은 성조기 하나뿐이었다. 세크리테어리엇은 진정한 미국의 영웅이었다.

특정 동물이 대중에게 널리 사랑받을 수 있는 방법은 여러 가지다. 예컨대 9.11 테러 때 활약한 개들이나 2017년 멕시코 지진에서 12명의 목숨을 구한 프리다 같은 수색 구조견들은 메달을 받거나 기념비가 세워진다. 국립 동물원의 판다

같은 몇몇 동물은 동물원에 수많은 사람을 불러 모으기도 한다. 대왕판다의 실시간 영상을 찾거나 직접 본 사람은 수백만 명에 이른다. 자기 항로를 벗어나 메인주 포틀랜드에 착륙한 희귀한 큰흑매도 많은 팬을 끌어들였다. 이 새를 기리는 노래가 작곡되었고, 나중에 새가 동상에 걸려 죽자 주민들이 돈을 모아 기념상을 세웠다. 그뿐만 아니라 경찰과 함께 활동하는 경찰견은 지역 사회의 사랑을 받곤 한다.

　코네티컷주 미들타운 경찰서에 방문했을 때 마이크 다레스타 경관은 이렇게 말했다. "평범한 사람들은 반려동물을 집에 두고 외출하죠. 하지만 우리는 직장에 데려옵니다." 다레스타 경관의 말을 듣고 웃었지만, 이 말이 진짜인 이유는 경찰견은 결코 단순한 반려동물이 아니기 때문이다. 사실 이 개들은 동료이자 동지이고 때로는 사람의 목숨을 구한다. 경찰견들은 지난 100년 이상 경찰을 도와 탈옥수, 지명 수배자, 실종자를 추적하고 폭발물, 마약, 시체를 찾는 데 활용되었다.

　경찰견들은 인간 경찰관들에게 꼭 필요한 파트너가 되도록 훈련받았지만, 경찰과 관련한 모든 것이 그렇듯 논란에서 자유롭지는 않다. 동물 권리 운동가들 가운데 상당수는 경주마에서 경찰견에 이르기까지 자신이 동의할 수 없는 일을 하도록 강요받는 동물의 쓰임새에 반대한다. 게다가 만약 개를 다루는 조련사가 지나치게 공격성이 강하고 폭력적이거나 인종 차별적이라면, 그 특성이 끔찍한 방식으로 개에게 전해

질 수 있다. 예컨대 경찰견은 시민권 운동이나 흑인 인권 운동을 벌이는 시위자들을 위협했고, 이미 손을 들고 있는 용의자들을 공격했으며, 체포된 사람들을 물고 제지하는 데 이용되었다. 저먼 셰퍼드가 당신의 팔을 꽉 물고 놓아주지 않는 동안 무죄 추정의 원칙이 적용될 것 같지는 않다. 또한 개들은 나치 치하에서 숨은 유대인 가족을 발견하는 데 정기적으로 활용되었고 보다 최근에는 미국 국경을 넘으려는 이민자들을 냄새로 찾아내는 데 사용되었다. 이런 용도로 쓰이는 경찰견들은 어디에 이용되든 좋은 평판을 받지는 못한다. 경찰이 하는 일 가운데는 불필요하고 군사화된 도구가 많기 때문에, 나는 다레스타 경관과 대화를 나누면서 경찰견의 존재에 분명한 목적이 있는지 궁금했다. 경찰견들이 무슨 일을 할 수 있는지도 알고 그 개들이 수십 년 동안 소외된 지역 사회에 심어준 공포도 알기 때문이었다. 사람들에 대한 협박이 주된 목적일까? 만약 내가 경찰관들이 군용 무기를 소지하는 것을 반대하는 사람이라면, 그들이 개를 기르는 것도 반대해야 할까?

경찰견들의 날카로운 이빨도 경찰에게 가치가 있지만, 경찰이 개를 계속 활용하는 이유는 코끝에도 있다. 개의 후각은 사람보다 1만 배에서 10만 배 더 강한 것으로 추정되며, 사람이 만든 어떤 것도 이런 능력을 비슷하게 복제할 수 없다. 과학자들이 살균된 실험실 환경에서 운 좋게도 '인공 코'를 만드는 데 성공한 적이 있지만, 추적해야 할 냄새들이 뒤섞인 현실 세계에서는 '살아 숨 쉬는 실험실'인 개들의 능력이 훨씬 뛰어나다. 심지어 개들은 가장 성능이 좋은 탐지기보다 냄새에 10배는 더 민감하다. 한 연구에 따르면 사람이 만든 탐지기는 땅에 묻힌 폭발 장치의 절반만 발견한 반면 개는 80퍼센트를 찾는 데 성공했다. 개들은 말 그대로 조련사의 생명을 구할 수 있다.

그런 만큼 경관과 경찰견 사이의 유대가 무척 강한 것도 당연하다. 다레스타의 상사인 더그 클라크 경사는 니코라는 경찰견과 함께 일한 적이 있다. "제 아내는 니코를 '당신 마누라'라고 불렀죠." 클라크가 말했다. "니코는 일터의 아내였던 셈이에요." 더 이상 일할 수 없을 만큼 나이가 든 경찰견들은 은퇴 후 안내견을 비롯한 다른 도우미 동물들이 그렇듯 사람들의 반려동물이 된다. 그리고 그들 가운데 일부는 적응하는 데 정말 힘든 시간을 보낸다. 거의 10년 동안 매일 24시간을 함께하던 사람이 자신을 두고 혼자 일하러 나가는 모습을 지켜보는 건 개에게 커다란 변화다. 하지만 클라크는 니코가 은퇴했을 때 개보다 자신이 더 적응하기 힘들었다고 말했다. 오히려 니코는 집에서 놀며 클라크의 아내에게 간식을 받아먹는 데 금세 익숙해졌다.

니코가 클라크와 그의 가족에게만 사랑받은 건 아니다. 니코는 고향에서 유명 인사였다. 그래서 니코가 죽었을 때 지역 신문인 《미들타운 패치》는 부고를 게재하면서 "매일 위험을 무릅썼던 경찰견"이라고 묘사했다. 니코는 7년 동안 클라크의 곁에 머물렀고 총에 맞거나 목이 졸리면서도 살아남았다. 클라크와 함께 FBI 지명 수배자 명단에 있는 도망자를 추적하는 일에 협력하기도 했다. 그리고 니코 같은 개는 세상에 무척 많다.

다레스타의 또 다른 파트너였던 경찰견 헌터는 동네 영웅 이상의 존재였다. 다레스타는 헌터가 2017년 7월까지도 여전히 열심히 일하며 코를 킁킁거려 용의자를 쫓고, 범죄 현장을 수사하고, 경찰견 직무 기술서에 설명된 모든 일을 도맡았다고 말했다. 심지어 그달 초에 받은 신체검사에서 건강에 이상이 없다는 진단도 받았다. 하지만 7월 말부터 헌터는 먹는 것을 중단했다. 여전히 일하고 싶어 했지만 어딘가 몸이 이상했다. 다레스타는 헌터를 수의사에게 데려갔고, 많은 검사 끝에 중증 간암 진단을 받았다. 다레스타는 몇 시간 고민한 끝에 안락사를 신청하는 힘든 결정을 내렸다. 이 소식이 퍼지자 얼마 안 되어 온갖 사람들이 모여들었다. 당직 경찰관, 비번 경찰관, 다레스타의 전 부인과 자녀들, 이웃 마을 경찰서에서 일하는 가장 친한 친구, 심지어 다레스타의 옛 여자 친구들까지 모였다. 헌터를 알고 사랑했던 모든 사람이 헌터를 보기 위해 줄을 섰다. 다레스타는 마지막으로 헌터를 안아 들고 친구, 가족, 동료들이 늘어선 줄 사이를 통과했다. 사람들은 헌터에게 경례를 보냈다. 미들타운 경찰서가 페이스북에 올린 사진을 보면 다레스타는 헌터의 등에 달린 검은 모피 망토에 얼굴을 파묻고 있다. 다레스타는 울고 있었다.

하지만 그것은 시작에 불과했다. 다레스타가 헌터를 안고 있는 페이스북 사진은 순식간에 널리 퍼졌고, 수천 명이 그 사진을 보고 반응을 보였다. 댓글과 좋아요, 새로운 게시물이 가득했다. 다레스타는 문자 메시지와 전화, 헌터의 초상화를 받았다. 메인주에 사는 한 남자는 헌터를 나무에 새긴 아름다운 작품을 보냈고, 어떤 사람은 헌터가 그려진 오르골을 보냈다. 미들타운 경찰서의 심야 근무 경관들은 다레스타와 헌터의 그림을 의뢰했고, 둘이 함께 찍힌 큰 사진에 서명해 보내주었다. "그것은 내가 헌터의 죽음을 애도하는 데 도움이 되었죠." 다레스타의 말이다.

사람과 반려동물의 관계는 매우 작고 폐쇄적인 경우가 많다. 예컨대 여러분이 키우는 강아지가 매일 밤 문으로 들어올 때 여러분이 가사에 강아지의 이름이 들어간 노래를 부르는 동안 강아지가 빙글빙글 돌며 춤을 춘다고 해도, 그런 사적인 의식에 대해 사무실 동료들은 전혀 모른다. 여러분이 일요일 아침마다 침대에 누워 고양이를 가슴에 안은 채 커피를 천천히 마시곤 한다는 사실은 여러분의 가족이나 가장 가까운 친구만 알고 있을 것이다. 반려동물들은 우리의 가장 사적이고 개인적인 자아를 지켜본다. 하지만 이것은 주변 사람들이 우리와 반려동물이 얼마나 강렬한 관계를 맺고 있는지, 이 동물들이 우리의 삶에 얼마나 많이 관여하는지 알지 못한다는 것을 의미한다. 그런 만큼 반려동물이 죽었을 때 우리가 보이는 슬픔의 깊이에 주변에서 놀랄지도 모른다. 다만 유명한 동물들은 예전부터 줄곧 예외였다. 오늘날에는 인터넷 덕분에 역사상 어느 때보다 유명한 동물이 많아졌다. 경마에 대한 보도나 지역 뉴스, 동물원 라이브스트림 덕분에 몇몇 운 좋은 동물들은 주인이나 보호자만큼 자기를 사랑해주는 팬들을 만난다. 그리고 이런 상황은 주인이나 보호자에게 행운이다. 반려동물이 죽었을 때 슬픔에 빠진 사람이 자기만이 아니라는 사실을 알게 되기 때문이다. 유명한 누군가의 반려동물이 죽었을 때 온라인에서 쏟아지는 애도의 물결을 생각해보라. 애비올하이저는 릴 버브(@iamlilbub)의 죽음을 계기로 깨달은 점을 《워싱턴포스트》에 기고했다. "타인이 키우는 반려동물의 삶을 지켜보는 것은 인터넷 경험의 일부가 되었고, 이제 그들의 죽음을 애도하는 것도 마찬가지다."

　　물론 인스타그램이 생기기 훨씬 전부터 사람들은 유명한 동물들을 알고 애정을 보냈다. 1940년대에 치러진 매노워의 장례식에 얼마나 많은 사람이 참석했는지를 보라. 그리고 동물을 눈앞에서 생생하게 보는 것이야말로 최고의 경험이다. 할아버지와 나는 매노워 대로를 따라 렉싱턴 공항까지 승용차를 타고 갔다. 켄터키주를 떠나기 전에 가장 사랑받았던,

죽은 경주마의 이름을 딴 도로가 렉싱턴시에 있다는 사실을 발견한 것이다. 우리는 떠나기 전에 살아 있는 말을 보기 위한 마지막 목적지에 들렀다. 존은 할아버지와 나를 애시포드 스터드까지 태워다주었고, 우리는 그곳에서 유명한 말 한 마리를 보기로 했다. 할아버지에게 그 말은 아주 유명한 순종마의 지분을 가진 친구였다. 우리는 존이 데려다준 농장 입구에서 그를 기다렸다. 유명한 동물을 재촉할 수는 없는 노릇이었다. 6월의 뜨거운 태양 아래 서서 그 말을 기다리는 동안 나는 다른 말 무덤들을 찾아보았고, 할아버지와 존은 지난 며칠간의 여행 중 좋았던 기억을 더듬었다. 그때 사육사가 또 다른 전설의 말인 자이언트 코즈웨이를 데리고 왔다. 사육사의 기분을 상하게 하지 않으려고 말과 사진을 몇 장 찍었지만, 사실 우리가 기다렸던 건 이 말이 아니었다. 그리고 마침내 2015년 3관왕 우승자 아메리칸 파로아가 등장했다.

나는 이 말이 우승했을 때 내가 어디에 있었는지도 기억한다. 그날은 2015년 6월 6일이었고, 나는 5년 만에 웰즐리대학 동창들을 만났다. 동창 중 가장 친했던 캐리는 오후에 요리해 먹는 걸 잠시 멈추고 노트북으로 벨몬트 스테이크스 경기를 보자고 말했다. 버지니아에서 말을 타며 자란 캐리는 켄터키 더비나 프리크니스에서 아메리칸 파로아가 우승하는 모습을 가까이서 지켜봤다. 캐리는 아메리칸 파로아가 이 마지막 경주에서 우승한다면 1978년 어펌드 이후 최초의 3관왕 우승자가 될 것이라고 강조했다. 우리는 기숙사 방에서 캐리의 작은 노트북 주위에 모여 미지근한 맥주를 홀짝거렸다. 게이트가 열리자 캐리는 이를 악물었다. 아메리칸 파로아는 시작부터 힘을 빼지 않았다. 말과 기수는 무리 속에서 길을 잃은 것처럼 보였고, 경마에 익숙지 않은 내 눈에는 누구라도 우승할 수 있을 것처럼 보였다. 하지만 그로부터 20초가 채 지나지 않아 아메리칸 파로아가 앞으로 치고 나갔다. 캐리는 가쁜 숨을 몰아쉬었고, 나는 어느새 영상을 주시하며 맥주 캔을 꽉 움켜쥐는 나 자신을 발견했다. 아메리칸 파로아는 돌진을 계속해 1분 30초 만에 몸통의 4분의 3 길이만큼 앞섰고, 그다음에는 몸통 하나만큼, 또 그다음에는 몸통 둘만큼 앞섰다. 세크리테어리엇의 영상을 다시 보는 것만 같았다. 동물이 인간 세계와 신 사이의 공간을 차지하고 있다는 고대 이집트의 믿음이 떠올랐고, 아메리칸 파로아가 결승선을 향해 내달리며 마침내 37년간의 3관왕 가뭄이 끝나자 나는 내가 지구에 속하지 않은 생물을 보고 있다는 생각을 했다. 아메리칸 파로아가 결승선을 넘자 캐리는 비명을 질렀고 나는 울음을 터뜨렸다. 이 말을 직접 본 적도 없고 잘 알지도 못했지만, 이 말이 달려 당당하게 우승하는 모습을 보고 내가 토요일 오후 한복판에 대학 캠퍼스에서 역사의 현장을 목격했다는 사실을 깨달았다. 나는 차오르는 감정에 압도되었다. 나중에 캐리는 아메리칸 파로아가 벨몬트 대회에서 우승한 날이 "지난 10년 중 가장 마법 같았던 날"이라고 묘사했다.

사육사가 아메리칸 파로아를 이끌고 할아버지와 나를 만나러 나오자 그때의 모든 감정이 다시 나를 덮쳤다. 할아버지는 망설이지 않고 바로 앞으로 나아가 그 유명한 말의 갈기를 쓰다듬었다(그날 남은 시간 내내 할아버지는 "내가 3관왕 우승 말을 만져보다니!" 하고 외쳤다). 하지만 나는 꽁꽁 얼어붙은 채 아무것도 하지 못했다. 나는 말에게 압도당한 듯한 경외감이 들었다. 이러다가는 하루의 나머지 시간 동안 '내가 3관왕 우승 말을 만져보지 못하다니!'라고 생각하며 자책할 것이다. 하지만 나는 얼어버렸고, 벨몬트 경기에서 다른 말들을 훨씬 앞서서 질주하던 모습이 계속 떠올랐다. 켄터키주의 여름 햇살은 뜨거웠지만 나는 소름이 돋았다.

"이 말은 자기가 챔피언이라는 사실을 잘 알아요." 할아버지의 친구가 말했다. 정말 그렇다. 아메리칸 파로아는 침착하고 자신감 넘쳤다. 마치 파티 자리에서 자신이 가장 매력적이라는 사실을 아는 섹시한 남자 같았다. 말은 천천히 고개를 돌려 내 눈을 바라보았고 나는 운동선수다운 탄탄한 몸의 아름다움에 사로잡혀 멈춰 섰다. 어쩌면 그렇게 많은 돈을 버는 동물을 만지는 것이 조금 두려웠는지도 모른다. 아메리칸 파로아의 교배 비용은 20만 달러다. 하지만 무엇보다 내가 유명한 말을 만난 감격에 압도되었다는 사실을 안다. 매노워가 파러웨이 농장에서 은퇴하던 해에 왜 수백만 명이 몰려들었는지 알 것 같았다. 사람들이 무덤이나 기념비를 참배하는 관습도 그럴 법했다. 사람들은 종결되는 감각이 필요하다. 하지만 나는 아메리칸 파로아를 보고 깜짝 놀랐다. 잘생긴 데다 여전히 운동을 하고 살아 있었다. 말의 근육에 물결이 일었다. 말의 콧구멍을 통해 공기가 움직이며 가슴팍이 오르내리는 모습이 보였다. 말의 갈색 눈동자가 나를 응시하고 있었다. 살아 있는 유명한 동물을 보는 것이 유명한 동물의 무덤을 보는 것보다 훨씬 좋았다. 이틀 동안 죽은 말들의 무덤을 살핀 뒤에 생생하게 숨 쉬고 있는 아메리칸 파로아를 만났기 때문에 이렇게 대조적인 인상을 받았는지도 모른다. 아메리칸 파로아는 반짝거리는 건강함의 표본이었고, 에너지의 불꽃이자 대자연의 마법 같은 존재였다. 애시포드 스터드를 방문하면서 내가 남긴 모든 기록을 이 한 문장으로 정리할 수 있을 것 같다. "아메리칸 파로아는 정말 아름답다." 어쩌면 나는 몸 안에 맥동하는 압도적인 생명 때문에 말을 만지는 게 두려웠는지도 모른다. 아니면 그 말에게 애착을 느끼고 싶지 않았을 수도 있다. 적어도 지금보다 더 나아간 애착을 바라지 않았던 것 같다. 할아버지가 말의 갈기를 쓰다듬는 모습을 보니 언젠가는 아메리칸 파로아도 죽고 내가 그를 위해 슬퍼할 날이 오리라는 사실을 알았기 때문이다.

"어떤 말이 특정한 종류의 장례를 치를 가치가 있는지 없는지를
누가 결정한단 말인가?
어떤 동물이 매장될 가치가 있는지를 누가 결정하는가?"

**7**

마지막 순간을 데우는

유일무이한 존재

처키가 내 눈앞에서 죽은 지 15년쯤 지났을 때, 메리에게서 문자 메시지가 하나 왔다. "농산물 직판장에서 내가 뭘 샀는지 한번 볼래?" 나는 싱싱한 해바라기 꽃다발이나 현지에서 생산한 꿀 한 병, 특별히 아름답게 생긴 브로콜리 조각을 기대했다. 하지만 메리가 보낸 것은 다름 아닌 새끼 고양이 사진이었다. 햄스터를 좋아하던 아이가 이제 고양이를 키우는 어른이 된 것이다.

"이름은 클라크야! 클라크 공원에서 구조했기 때문이지." 메리가 설명했다. 메리는 클라크 공원이 있는 필라델피아에서 대학원을 다녔다.

"아, 그렇구나!" 내가 답신을 보냈다. 그때만 해도 내가 새로운 적수를 만날 거라는 생각은 하지 못했다.

내 말을 오해하지 말라. 나는 고양이를 싫어하는 게 아니다. 단지 고양이 옆에서 편안하게 지내는 방법을 배운 적이 없었던 것뿐이다. 우리 엄마는 개 알레르기도 심하지만 고양이 알레르기는 거의 치명적일 만큼 심각했다. 그래서 나는 고양이를 키운 적이 없었다. 이모들 중 몇 분이 고양이를 길렀고, 친구 중에도 고양이를 기르는 아이가 있어 보통 고양이보다 훨씬 친근한 성격의 '개냥이' 버스터와는 꽤 잘 지냈다. 하지만 이 정도로는 고양이와 충분히 친해지기 어려웠다.

그러다 보니 메리가 클라크를 데려왔을 때까지 나는 고양이에 대한 경험이 많지 않았다. 그래도 내게는 희망이 있었다. 나는 동물을 사랑하고 그동안 반려동물을 많이 키웠다! 고양이가 나를 좋아하게 만들거나 내가 고양이를 사랑하게 되는 건 그리 어렵지 않을지도 모른다! 그렇게 클라크를 만났다.

갈색과 검은색 줄무늬가 있는 클라크는 벵갈 품종으로 날렵하고 우아했다. 외모도 행동도 정글 속 작은 호랑이 같았다. 클라크를 처음 만난 것은 친구 턱, 리즈와 함께 메리의 생일을 축하하기 위해 필라델피아의 그녀의 집을 방문했을 때다. 턱과 리즈는 거실 바닥에 있는 에어 매트리스에서 잠을 잤고, 나는 둥근 공 모양 소파에 몸을 웅크렸다. 우리는 클라크가 집에 낯선 사람이 오는 것을 좋아하지 않는다는 사실을 알게 되었다. 특히 클라크는 여러 개의 발가락이 꼼지락대는 걸 견디지 못하는 듯했다. 클라크가 밤새도록 우리들의 발을 끊임없이 공격한 탓에 결국 아무도 잠을 제대로 이루지 못했다. 그동안 반려동물에 대해 전혀 느끼지 못했던 감정이 가슴에 차올랐다. 그건 일종의 미움이었을까?

모두가 분명 클라크를 조금씩은 두려워했다. 클라크는 메리 말고는 아무도 좋아하지 않았지만 가끔은 메리에게도 반항했다. 메리가 물을 마시기 위해 부엌으로 들어가며 자기를 놀라게 했는지 클라크는 메리의 얼굴을 할퀴며 눈 옆을 긁었다. 클라크는 거칠고 단호한 태도를 보였으며 날쌔게 사람을 물었다. 하지만 메리의 엄마가 병에 걸리면서 모든 상황이 바뀌었다.

메리의 어머니인 도리 아주머니는 2014년에 난소암 진단을 받았다. 딸의 햄스터가 죽었다는 전화를 받고도 시종일관 우아한 태도로 우리 가족을 대하고, 딸 때문에 반려동물을 키워야 하는 우리 엄마를 위로한, 내게는 이모나 숙모 같았던 도리 아주머니가 아팠다. 그녀가 암에 걸리면서 모든 것이 끔찍해졌다. 클라크가 변했다는 사실만 빼고 말이다.

메리는 엄마를 돌보기 위해 부모님 집으로 이사했다. 물론 클라크도 함께였다. 메리가 어릴 때 키우던 개 재스퍼가 죽은 뒤 입양한 개 더들리와 앨비는 도리 아주머니가 치료를 받는 내내 상냥하고 착하게 굴었다. 개들은 저녁 식사 후에는 몇 시간씩 아주머니의 무릎 위에 앉곤 했다. 행동 장애가 있던 앨비도 도리와 함께 있을 때는 얌전했다.

"언제부턴가 갑자기 내 곁을 떠나지 않더라고요." 도리 아주머니는 우리 엄마에게 개들에 대해 이렇게 말했다. 아마 세상을 떠나기 전에 마지막으로 건 전화일 것이다. "보통 앨비는 남편만 따랐는데 지금은 줄곧 내 옆에 있어요." 도리 아주머니가 잠시 말을 멈췄다. "뭔가 잘못된 걸 아는 거죠."

개들은 원래 충성스럽고 상냥하다고 알려져 있다. 알프스산맥의 눈 더미에서 사람들을 끌어내 구조하는 세인트 버나드들을 생각해보라. 개들은 심지어 암세포나 코로나바이러스를 냄새로 찾아내는 훈련을 받을 수도 있다. 하지만 고양이들이 이러한 특성을 보인다고 알려진 바는 없다. 그런데도 클라크가 보여준 감수성과 연민은 앨비나 더들리보다 훨씬 깊었다.

거칠고 사나우며 예측할 수 없었던 클라크도 매일 저녁 도리 아주머니의 침대 곁에서 시간을 보냈다. 아주머니가 아래층으로 내려가면 클라크는 자리를 따뜻하게 덥히기라도 하듯 아주머니가 돌아올 때까지 거기에 그대로 머물렀다. 더 놀라운 건 메리가 도리 아주머니와 함께 앉아 텔레비전을 보거나 이야기를 나누고 책을 읽을 때 클라크와 도리 아주머니가 꼭 껴안았다는 사실이다. 클라크가 애정을 보이는 사람은 줄곧 메리뿐이었는데 갑자기 메리가 아닌 도리 아주머니를 택했다. 처음에는 도리 아주머니도 클라크의 성격이 어떤지 알았기 때문에 조금 망설였지만 결국 긴장을 풀었다. 클라크는 아주머니를 따뜻하고 차분하며 편안하게 해주었다. 마음이 따뜻한 악마 고양이였다.

가장 많이 생각나는 대목은 여기다. 2016년 4월의 어느 날 도리 아주머니가 병원에 가자 클라크는 더 이상 열심히 침대를 데우는 행동을 하지 않았다. 메리와 그녀의 아빠인 스티브는 이것이 마지막일 것이라고는 미처 깨닫지 못했다. 메리는 그날 아침에도 아무 문제없다고 생각하며 출근을 했다. 그런데 어찌된 일인지 클라크는 아주머니가 돌아오지 않을 것임을 감지한 듯했다. 도리 아주머니는 암 진단을 받은 지 2년이 조금 넘은 그날 밤 병원에서 세상을 떠났고, 클라크는 그 사실을 바로 눈치챘다. 도리 아주머니가 없는 첫날밤부터 클라크는 다시 메리에게 관심을 돌렸다. 클라크는 이제 메리의 침대를 따뜻하게 덮혔고 매일 밤 메리를 껴안았다. 지금 자신을 필요로 하는 사람이 메리라는 사실을 알고 있는 것 같았다.

마크 베코프는 저서 《우리의 친족과 함께 산책하기》에서 "동물의 세계를 이야기하려면 우리는 어떤 언어든 동원해야 한다"라고 말한다. 나는 이 말을 우리가 동물의 행동을 묘사하고 싶다면, 우리의 유일한 선택지는 우리가 자유자재로 쓸 수 있는 언어, 즉 인간의 감정과 행동을 묘사할 때 쓰는 언어를 사용하는 것이라는 뜻으로 받아들인다. 베코프의 말에 따르면 나는 클라크가 상냥하고 다정하게 굴고, 사람을 보호하려는 행동을 하는 것을 보았다. 동물을 연구하는 과학자들은 다른 종에 대해 말할 때 의인화된 언어를 사용하지 않으려고 애쓴다. 그들이 연구하는 주제에 인간의 감정과 태도를 투사하지 않으려고 노력하는 것이다. 물론 나는 그래야 하는 필요성을 이해한다. 우리는 우리와 다른 존재가 어떻게 생각하는지, 그들의 뇌가 어떻게 작동하는지, 그들이 세상을 어떻게 이해하는지 과연 알 수 있을까? 인간만이 가진 짐을 다른 종에게도 지우는 것은 사리에 맞지 않는다.

하지만 동시에 동료 생명체를 보고 스스로 알고 느끼

는 것을 바탕으로 그 생명체를 더 잘 알기 위해 노력하는 것은 자연스러운 일이다. 레슬리 어바인은《당신이 나를 길들인다면》에서 "어떤 현상을 이해하고 묘사하려는 인류의 모든 시도는 인간의 관점에서 일어난다"라고 썼다. 키우는 강아지가 당신이 오랫동안 만나지 못했던 친구에게 달려가 반기면, 당신은 "강아지가 너를 봐서 너무 좋은가 봐!"라고 말한다. 사실 당신이 하고 싶은 말은 "너를 만나서 정말 좋아!"이지만 말이다. "맙소사, 내 고양이는 피자를 너무 좋아해!"라든가, "내 이구아나는 오늘 기분이 정말 안 좋아!"라는 식으로 말하는 것도 재미있다. 당신은 동물이 등장하는 대본을 쓰고, 이야기를 만들고, 전체 줄거리를 짠다. 나는 공원에서 어떤 사람이 함께 놀고 있는 개 두 마리에 대해 "어머, 누구한테 반했나 보네!"라고 몇 번이고 말하는 것을 몰래 들었다. 이상하지만 역시 즐겁다. 반려동물이 사람 말을 배우기 전까지(아니면 우리가 동물 말을 배우기 전까지) 우리는 사람 말로 상황을 이해하는 게 최선이다.

　　인류학자 바버라 킹은《동물은 어떻게 슬퍼하는가》에 동물의 슬픔이나 슬픔과 가까운 행동을 모은 이야기를 담았다. 예컨대 책에는 자기 자매인 카슨이 죽은 뒤 지독한 슬픔에 빠진 고양이 윌라가 등장한다. 윌라와 카슨은 평생을 함께 보냈고 2개의 반달이 웅크린 것처럼 서로 껴안고 잤다. 킹은 카슨이 병에 걸려 죽었을 때 윌라가 보인 반응을 이렇게 묘사한다. "윌라는 부드럽고 따뜻한 방석을 바라보며 통곡하는 듯한 울음소리를 냈다. 그것은 갑작스럽고 끔찍하며 고양이가 평소에 낼 법한 소리가 아니었다."

동물들 사이의 애도는 종을 초월해서 일어나기도 한다. 시그리드 누네즈는《미츠: 블룸스버리의 마모셋원숭이》에서 버지니아 울프와 레너드 울프가 기르던 원숭이 미츠가 함께 살던 개 핑카가 죽은 이후 무기력하고 우울해 보였다고 묘사한다. 또 몇몇 동물 웹사이트에는 스카우트 키티라는 이름의 고양이가 아기였을 때 가족이 키우는 개 찰리와 깊은 유대감을 쌓은 이야기가 소개되어 있다. 스카우트 키티는 찰리를 꼭 껴안아야만 잠을 잘 수 있었으며 둘은 함께 먹고, 함께 놀고, 함께 낮잠을 잤다. 그러다 찰리가 암으로 죽자 스카우트 키티는 혼란스럽고 슬픈 기색이었다. 그래서 찰리의 부모는 아이패드에 찰리의 영상을 넣어 오래 쓰던 침대에 설치했다. 고양이는 이제 찰리의 영상을 보면서 침대에서 아이패드 옆에 몸을 웅크리고 잠을 청한다.

또 킹은 테네시 코끼리 보호구역에 사는 코끼리 타라 이야기도 소개한다. 8년 동안 타라의 가장 친한 친구는 벨라라는 이름의 조그만 길 잃은 개였다. 덩치가 엄청난 코끼리와 작은 개는 떼려야 뗄 수 없는 한 쌍이 되어 보호구역 안을 돌아다녔고, 둘의 몸집 차이 때문에 유명해졌다. 심지어 몇몇 그림책에도 등장할 정도였다. 하지만 타라와 벨라는 신경 쓰지 않는 것 같았다. 우정은 몸의 크기나 모양, 색깔, 그리고 종을 초월했다. 하지만 킹이 지적했듯이 큰 사랑에는 큰 슬픔이 따른다. 어느 날 밤 벨라는 코요테 무리에게 목숨을 잃었다. 타라는 친구의 사체를 발견한 뒤 헛간으로 옮겼다. 이후 벨라를 묻어준 코끼리 보호구역의 직원은 타라가 주기적으로 벨라의 무덤을 방문했다는 증거를 발견했다. 무덤 근처에서 신선한 코끼리 똥과 함께 타라와 일치하는 DNA가 발견되었으며, 작은 개의 마지막 안식처 바로 위에 코끼리 발자국이 찍혀 있었다. 코끼리는 다른 코끼리가 죽으면 사체에 나뭇가지와 잎, 흙을 깔고 곁에서 시간을 보내는 것으로 알려져 있다. 타라는 벨라를 작은 코끼리로 여긴 것이다.

　　이것은 우리가 형제자매, 친구, 동료에게 그렇듯 서로 동등한 역할을 하는 것처럼 보인 동물들의 예다. 자식을 잃고 슬픔에 빠진 동물도 있다. 타레쿠아 또는 J35로 불리던 범고래는 새끼를 잃고 슬픈 나머지 자기 무리와 함께 사체를 17일 동안 물속에서 밀며 돌아다녔다. 그리고 때로는 동물이 자신의 반려동물을 기르는 경우도 있다. 고릴라 코코는 1971년에 태어나 내가 이 책을 쓰던 2018년에 죽었다. 1984년 7월에 생일을 맞은 코코는 선물로 새끼 고양이를 선택할 수 있었다. 코코가 선택한 고양이는 회색과 흰색을 띤 조그만 수컷이었다. 수화로 각운이 맞게 단어를 만드는 것을 좋아했던 코코는 이 고양이에게 '올 볼'이라는 이름을 붙였다. 새끼 고양이가 작은 공처럼 생겼다고 생각했던 듯하다. 코코와 올 볼은 도저히 뗄 수 없는 사이가 되었다. 어쩐 일인지 고양이는 몸무게가 약 104킬로그램이나 되는 고릴라를 두려워하지 않았고, 둘은 매일 적어도 1시간 동안 코코의 우리 주변에서 서로의 뒤를 쫓으며 놀았다. 하지만 어느 날 올 볼이 연구 시설에서 탈출해 근처 고속도로로 나가 버렸고, 결국 차에 치여 죽었다. 연구원들이 코코에게 무슨 일이 일어났는지 설명하자 고릴라는 자기 반려동물을 잃었다는 사실을 부정하는 것처럼 표현했다. "코코는 10여 분 동안 우리의 말이 들리지 않는 것처럼 행동했죠." 생물학자 론 콘이 말했다. "그런 다음 훌쩍거리기 시작했어요. 이건 고릴라가 슬플 때 내는 특징적인 울음소리죠. 우리는 이후 다 같이 울기 시작했답니다." 코코는 고양이 친구가 다시는 돌아오지 않는다는 사실을 분명히 이해했지만, 그것을 죽음이라고 이해했는지는 확실하지 않다. 울음을 멈춘 코코는 수화로 이렇게 말했다. "고양이 잠자다." 이것은 어린아이들이 죽음을 이해하는 방식과 크게 다르지 않다. 마치 '반려동물은 이제 영원한 잠에 빠진 거야'라고 믿는 아이들처럼 말이다.

동물들은 종을 넘나들며 죽음을 애도할 수 있기에, 인간의 죽음도 당연히 슬퍼할 수 있다. 인간은 보통 자신의 반려동물보다 수명이 길어 오래 살지만, 반려동물이 남아 애도해야 하는 경우도 이따금 생긴다. 작가 조이 윌리엄스는 이렇게 말한다. "다들 알다시피 개들은 지구상 최고의 조문객이죠." 고대 문학에서 가장 유명한 개 문상객은 《오디세이》에 등장한다. 오디세우스는 10년 동안 계속된 트로이 전쟁에서 벗어나 돌아오는 길에 옆길로 새어 10년을 더 보내는 바람에 대단하게도 20년 동안이나 집을 비웠다. 오디세우스가 떠나 있는 동안 이타카는 다채롭게 엉망진창이 되었다. 오디세우스의 아들 텔레마코스는 화가 많은 청년으로 성장했고, 그의 아내 페넬로페는 공격적인 구혼자들을 물리쳐야 했다. 중요한 것은 오디세우스의 충성스러운 개 아르고스가 주인이 돌아오기를 기다리며 머물렀다는 점이다. 마침내 이타카로 돌아온 오디세우스는 변장을 한 채(설명하자면 길다) 도시에 다다랐고, 그런 오디세우스를 알아본 유일한 존재는 아르고스였다. 20년 동안 노새와 소똥 더미에 누워 있다가 마침내 오디세우스를 본 아르고스는 너무 쇠약하고 늙은 나머지 일어서지도 못한 채 귀를 축 늘어뜨리고 꼬리를 흔든다.[9] 하지만 여기 뜻밖의 결말이 있다. 오디세우스는 아르고스를 발견했지만 정체를 드러내고 싶지 않아 눈물 한 방울을 휙 뿌리고는 변장을 계속한다. 그러자 아르고스가 죽어버린다. 오디세우스를 다시 보게 되어 너무 기뻐서 죽었거나, 20년 만에 그를 만났는데 자기에게

---

9  아르고스는 말 그대로 너무 약하고 늙어서 일어설 수가 없었다. 지나간 세월을 개 나이로 바꾸면 적어도 백사십 살이다.

인사도 하지 않아 실의에 빠져 죽었거나 둘 중 하나다. 어쩌면 정말로 늙어서 죽었는지도 모르고 말이다. 어쨌든 아르고스는 20년 동안 주인이 사라진 것을 애도하며 오디세우스를 위해 보초를 섰다. 누군가는 내가 여기서 '실의에 빠진'이나 '애도'는 물론이고 '행복', '기쁨', '충성스러운'이라는 단어를 쓴다고 걸고넘어질지도 모른다. 다른 종의 뇌에서 무슨 일이 일어나고 있는지 인간은 완전히 이해할 수 없다는 이유에서다. 하지만 논란의 여지가 없는 사실이 있다면 반려동물은 언제나 보호자의 뒤에 남겨지며 여기에 분명히 반응한다는 점이다. 내 생각에는 동물이 실제로 슬퍼하거나 애정을 보여주거나, 위안을 주는지 아닌지는 별로 중요하지 않다. 하지만 그것을 사실로 인식하고 받아들이는 사람에게는 실제로 영향을 미칠 수 있다.

로드아일랜드주의 스티어 하우스 간호 재활 센터의 치료 도우미인 고양이 오스카의 예를 들어보자. 이 고양이는 100명이 넘는 사망자를 정확하게 예측했다. 《고양이 오스카》의 저자이자 스티어 하우스에서 의사로 일하는 데이비드 도사 박사는 죽어가는 환자들이 일종의 페로몬을 분비하기 때문에 오스카가 그들에게 이끌린다고 주장했다. 오스카는 이 화학적 변화를 알아차리고 스티어 하우스의 직원이 어떤 환자가 명을 다하고 있다는 사실을 깨닫기 전부터 그 사람의 방에 나타난다. 오스카가 죽어가는 환자의 병실에 어떻게 해서 나타났는지는 중요하지 않다. 중요한 건 그 고양이가 거기 있었다는 사실이다. 도사 박사는 이렇게 말한다. "저는 오스카가 공감과 우정을 구현한다고 생각합니다. 이 고양이는 건강관리 팀에서 헌신적이고 기름칠이 잘되어 있는 중요한 톱니바퀴입니다." 스티어 하우스 직원들은 죽어가는 환자들이 마지막까지 최대한 편안하도록 최선을 다하고, 오스카는 직원들이 그렇게 하도록 돕는다. 오스카가 어떤 환자와 시간을 보내기 시작하면 직원들은 다음에 무슨 일이 일어날지 추측할 수 있다. 의사, 간호사, 조무사들은 환자 가족에게 이제 상황이 암울해졌고 작별 인사를 할 시간이라고 알린다. 그뿐만 아니라 오스카는 쓸쓸히 죽었을지도 모르는 나이 많고 병세가 심한 환자들에게 위안을 준다. 환자 가족들은 도사 박사에게 오스카가 사랑하는 사람과 마지막 순간에 함께 있었다는 사실을 알고 얼마나 위안이 되었는지를 이야기했다. 이것은 클라크와 마찬가지다. 클라크가 의식적으로 침대에서 도리 아주머니의 자리를 덮혔는지 아닌지는 별로 중요하지 않다. 동기가 무엇이었든 클라크의 행동은 도리 아주머니와 메리 둘 다에게 마지막 힘든 순간에 위안을 주었다.

　　나는 우리가 이런 이야기에 큰 관심을 보이는 이유는 자신이 죽을 때 이런 일이 일어나기를 바라기 때문이라고 생각한다. 동물은 우리가 누군가를 필요로 하는 시간을 감지하고 위로와 평화를 가져다줄 수 있다. 반려동물이 나를 사랑하고 그리워한 나머지 내가 죽은 뒤에도 밤을 지새워 그 자리를 지킨다면, 죽어가는 일이 조금 덜 외로울지도 모른다. 나는 이것이야말로 죽어가는 사람들이 먼저 세상을 떠난 사랑하는 이들의 꿈을 꾸는 이유라고 믿는다. 실제 영혼이 방문하든 우리의 잠재의식이 마술처럼 속임수를 부리는 것이든 상관없이, 우리가 사랑하는 존재들이 저세상에서 환영할 것이라고 생각하면 위안이 된다. 흥미롭게도 불치병에 걸린 어린이들은 종종 먼저 세상을 떠난 반려동물을 환영 사절로 본다고 한다. 여기에 대해 호스피스 병동에서 일하는 의사인 크리스토퍼 커 박사는 〈어서리티 매거진〉과의 인터뷰에서 이렇게 말했다. "아이들은 세상을 떠난 어른 가운데는 아는 사람이 없을 수 있어도, 세상을 떠난 동물 가운데 그들이 애정을 쏟았던 아는 동물은 있다. 죽어가는 아이들의 꿈에는 사랑했지만 잃어야 했던 죽은 반려동물들이 찾아온다. 결국 꿈에서 보인 게 사람이든 동물이든 그들이 전하는 메시지는 똑같다. 모든 아이가 같은 말을 했다. '너는 괜찮을 거고, 혼자가 아니며, 사랑받고 있다'라는 이야기였다." 우리 모두는 내가 사랑받고 있다는 사실을 알고 싶어 할 뿐이다. 살아 있는 동안에도, 그리고 죽어갈 때도 그렇다. 떠난 뒤에 누구라도 우리를 위해 슬퍼할 것이라는 사실을 알면 '난 그래도 제대로 살았구나' 하고 느낄 것이다.

하치코의 예를 보자. 일본 아키타 출신인 하치코는 도

쿄 제국대학 우에노 히데사부로 교수의 개였다. 충직한 하치코는 매일 우에노 교수를 시부야에 있는 기차역까지 배웅했고, 매일 저녁 퇴근 시간에는 교수를 맞이하러 기차역으로 다시 갔다. 그러던 1925년 어느 날 우에노 교수는 강의를 하던 중 뜻하지 않게 뇌출혈로 사망하고 말았다. 하치코는 그날 저녁 여느 때처럼 역에서 교수를 기다렸지만 그는 끝내 도착하지 않았다. 이후로도 하치코는 매일 저녁 기차역에서 우에노 교수를 기다렸다. 결국 통근자들이 하치코를 알아보기 시작했고, 먹이와 물을 가져다주었다. 그로부터 10년 뒤 하치코가 죽을 때까지 이런 일이 반복되었다. 그즈음 하치코의 충성심과 성실함은 도쿄 전역에 널리 알려졌기 때문에 시민들은 개의 죽음을 슬퍼했다. 시부야역 2층 직원실에서는 사람들이 하치코를 기리며 밤샘을 했고, 역 밖에는 이 개를 기리는 동상이 세워졌으며, 동상은 장례식용 흑백 커튼과 꽃 같은 제물로 둘러싸였다. 1935년에 하치코가 죽은 이후 개의 동상은 일대의 인기 있는 관광지이자 만남의 장소가 되었다. 매년 봄에는 이 개를 추모하는 축제가 열리기도 한다. 바버라 앰브로스는 자신의 책 《논쟁의 뼈대들》에서 이렇게 말한다. "하치코는 한 가족의 반려동물이라기보다 궁극적으로는 국가와 지역의 상징으로 기억되고 있다."

세상에는 하치코 같은 동물이 정말 많다. '그레이프리어스 바비'라는 이름의 한 스카이 테리어는 에든버러시 경찰서의 야간 경비원인 존 그레이의 무덤에서 14년을 보냈다. 그레이는 1858년에 사망했고, 바비는 장례식을 지켜본 다음 그레이의 관을 따라갔던 것 같다. 바비는 1872년에 죽을 때까지 그레이의 무덤 곁을 절대 떠나지 않았다(내 생각에는 다른 사람들이 먹이를 가져다준 것 같지만). 이후 바비는 교회 묘지의 그레이 옆에 묻혔다. 이 지역 사람들은 바비의 충성심에 감동했고, 개의 목줄과 밥그릇은 에든버러 박물관에 전시했다. 하치코와 마찬가지로 바비는 1873년 그레이프리어스 교회 묘지의 화강암 받침대 위에 동상이 세워졌다.

이 이야기들은 무척 감동적이어서 어떤 사람들은 여기에 맞춰 자기 삶의 마지막을 어떻게 보낼지 계획을 변경할 정도다. 2016년 9월, 나는 점심을 먹으면서 래리 엘드리지와 그가 키우던 요크셔테리어 스파키의 죽음에 대해 인터뷰했다. 래리는 스파키를 아주 사랑해 식탁에 앉았을 때 안경을 벗어 요크셔테리어들이 그려진 케이스에 안경을 넣을 정도였다. 우리가 수프를 먹는 동안 래리는 2007년에 스파키가 죽었을 때 계획했던 추모식에 대해 말했다. 그는 유대인이 부모나 배우자를 잃었을 때 장례식 이후에 보내는 기간인 시바 풍습에서 영감을 받았다. 래리는 스파키를 추억하며 시를 썼고, 사진처럼 사실적으로 스파키의 모습을 새긴 석상이 있는 멋진 묘비를 디자인했다. 이 묘비는 데덤의 파인리지 반려동물 묘지의 스파키의 무덤에 세워졌다. 나중에 래리와 그의 아내 조이스는 테이터라는 이름의 새로운 요크셔테리어를 얻었다.

래리는 자신의 죽음이 얼마 남지 않았다는 것이 확실해졌을 때 마지막 요청을 했다. 래리가 자신을 버리지 않았다는 것을 테이터가 알 수 있도록 장례식장에서 테이터에게 자기 시신을 보여주라는 것이었다. 래리가 세상을 떠났을 때 아내 조이스는 그 부탁을 존중해 테이터가 남편의 시신을 보게 했다. 나는 조이스에게 래리가 하치코나 그레이프리어스 바비를 알고 있었는지 물었다. "아, 맞아요." 조이스가 대답했다. "그 이야기가 남편의 머릿속을 떠나지 않았죠."

이 책의 출간이 가까워질 무렵 코로나19의 팬데믹은 2년이 넘게 이어졌고, 80만 명이 넘는 미국인이 이 바이러스에 감염되었다. 이건 그 자체로도 끔찍한 비극이지만 남겨진 가족들에게는 특히 더 그랬다. 여기에는 반려동물도 포함된다. 여러 구조 단체들은 고양이, 개, 기니피그를 집에 남겨두고 병원에 갔다가 퇴원하지 못한 채 세상을 떠난 사람들의 이웃에게서 끊임없이 전화를 받았다. '펫 피스 오브 마인드'와 같이 치료나 호스피스를 받으며 위독한 사람들의 반려동물을 돕는 활동에 초점을 맞춘 단체들도 있고, 동물들을 다른 집으로 보내는 일을 하는 훌륭한 쉼터도 많다. 바이러스 감염이 한창일 무렵, 뉴욕시에서는 사람들이 팬데믹에 따른 경기 침체로 반려동물을 먹이거나 돌보는 데 어려움을 겪는다든지 이웃의 반려동물이 도움이 필요한 경우 전화할 수 있는 반려동물 전용 핫라인을 만들었다. 뉴욕 시민들은 필요할 경우 이 핫라인을 이용해 동물을 다른 사람에게 양도할 수도 있다. 전염병이 발생한 첫 3개월 동안 이 전용 핫라인에서는 145건의 반려동물 양도 요청을 받았다.

보스턴 지역에서 특히 주목받은 사례가 있다. 쉰세 살이던 거북이 제니퍼가 2020년 5월 보호자가 코로나19로 사망한 이후 매사추세츠 동물학대방지협회(MSPCA)에 양도된 이야기다. 《보스턴 글로브》에서 이 거북이의 사례를 기사로 낸 이후 MSPCA는 제니퍼를 입양하겠다는 문의를 3000건 넘게 받았다. 코로나19 환자들에게 양도받은 다른 반려동물에 비하면 제니퍼의 나이가 꽤 눈에 띄긴 했다. 하지만 제니퍼 말고도 보호자를 잃은 동물은 수없이 많다. 미국 반려동물제품협회에 따르면 미국 가정의 67퍼센트가 어떤 종류든 반려동물을 소유하고 있고, 그중 대다수는 보호자가 죽더라도 계속 돌볼 다른 가족이 있다고 한다. 하지만 그렇지 못한 동물도 많다. 가족이 있는 경우를 90퍼센트로 가정한다 해도, 미국에서 약 820만 가구가 최소한 한 마리의 반려동물을 새로운 보금자리로 보내야 한다.

기억에 남는 사연이 하나 있다. 웰즐리대학 동창생이자 엄청난 재능을 갖춘 작가인 라나 조이 문긴은 2020년 4월 27일에 코로나19 합병증으로 사망했다. 조이와 나는 2학년 때

같은 기숙사에 살았는데, 이 기숙사는 내가 1학년 때 완다를 안락사시키고 묻은 곳이다. 2학년이 되어 리와 나는 다시 룸메이트가 되었고(리는 완다를 안락사시키려는 내 결정을 반대하지 않았다), 조이는 리와 함께 일본어 입문 과목의 시험공부를 하느라 우리 방에 놀러 오곤 했다. 대학 졸업 후 조이와 나는 반려동물을 좋아하는 졸업생이 모인 페이스북 그룹을 통해 연락을 주고받았다. 이 그룹의 진행자 중 한 명인 조이는 항상 자신의 '쌍둥이'와 같은 존재인 두 마리의 핏불 로지와 밴디트의 소식을 그룹에 올렸다. 이 강아지들과 이후에 입양한 고양이 루나에 대한 조이의 사진과 글은 페이스북 그룹에 지속적인 즐거움을 가져다주었다.

그러다 조이가 코로나19에 걸리자 수백 명의 회원이 건강 상태를 업데이트해달라는 요청 글을 올렸고, 도울 수 있는 방법을 알고자 했으며, 음식과 돈을 보내거나 강아지 장난감과 고양이 간식도 보내겠다고 제안했다. 나는 댓글이 줄지어 올라오는 모습을 보며 그동안 조이의 게시물이 얼마나 생동감 넘쳤는지를 떠올렸다. 집에 동물을 키운다는 것은 지금 이 순간을 살며 터무니없어 보이는 것에서 기쁨을 찾는 행위지만, 반려동물과 함께하는 조이의 방식은 특히 이 점을 드러내는 것처럼 보였다.

조이가 죽었을 때 나는 코로나19로 또래 친구를 잃었다는 충격, 조이가 몇 번 응급실에 갔지만 심각하게 받아들이지

않았다는 분노, 그리고 가족과 친구, 웰즐리 동문, 문학계를
대표해 이 똑똑하고 재미있으며 놀라운 젊은 여성을 잃었다
는 절망감에 휩싸였다. 그리고 조이의 반려동물들 때문에 가
슴이 아팠다.

그룹의 회원들은 로지와 밴디트, 루나가 집이 필요하다
면 입양하겠다는 제안을 해왔으며, 조이의 친구들은 이 동물
들이 가족의 보살핌을 받는 중이라고 재빨리 답했다. 하지만
나는 밴디트의 갈색이 섞인 하얀 코를 클로즈업한 조이의 예
전 사진을 뒤적거리면서 크나큰 상실감을 느꼈다. 나는 조이
의 어머니와 여동생, 조카들, 가장 가까운 친구들이 무슨 생각
으로 동물들을 돌보고 있는지 이해할 수 없었다. 무엇보다 이
귀여운 핏불 두 마리와 검은 고양이는 더 이상 보호자가 없었
다. 나는 이 동물들이 사실을 알고 있는지, 조이가 돌아오기를
기다리고 있는지 궁금했다.

그래도 동물들이 조이의 가족과 함께 지내는 건 기쁜
일이었다. 조이는 그동안 이스트 뉴욕에서 여러 세대와 함께
살았고, 동물에 대한 이야기를 올릴 때는 항상 엄마와 여동생,
조카가 포함되었다. 조이의 반려동물들은 가족의 일부였다.
어쩌면 사람들은 모든 게 뒤집히고, 극복할 수 없을 만큼 힘들
고 슬프며 혼란스러운 시간에 어느 정도의 공통점과 일관성
이 있을지도 모른다고 상상했다. 사람이든 동물이든, 사랑하
는 존재가 죽은 뒤 우리는 그들을 기억하기 위해 옷 몇 벌, 잘

라낸 털, 오래된 일기장, 낡은 목걸이, 사진 앨범처럼 많은 물건을 간직한다. 하지만 우리가 세상을 떠난 사람을 그리워할 때, 그들이 생전에 사랑했던 반려동물을 물려받으면 그 사람, 그리고 동물을 향한 우리의 사랑을 이어갈 수 있다.

"죽어가는 아이들의 꿈에는
사랑했지만 잃어야 했던 죽은 반려동물들이 찾아온다.
그들이 전하는 메시지는 똑같다.

'다 괜찮을 거야. 너는 혼자가 아니야. 너는 사랑받고 있어.'"

—호스피스 의사이자 의학 박사, 크리스토퍼 커

8

나를 자라게 한

내 털북숭이 친구

나는 앞서 내가 키웠던 물고기에 대해 이야기했다. 그리고 새와 설치류, 거북이와 말, 내가 키우지는 않았지만 고양이들에 대한 이야기도 했다. 이제 개들에 대해 말할 시간이다. 지금껏 키운 반려동물 가운데 개들과 가장 많은 시간을 보냈기 때문에 이제껏 미뤘다. 나는 금빛이 도는 케언 테리어 종의 거스, 그웬과 함께 자랐다. 이 두 마리의 개와 보낸 세월은 16년에 달했다. 나는 이 개들을 가장 오래, 가장 잘 알았다. 그런 이유로 이 개들의 죽음은 다른 어떤 동물들보다 나를 힘들게 했다.

1997년에 나의 카나리아 키키가 죽었고, 그해 가을 새로운 학교에 다니기 시작하면서 거스를 처음 만났다. 나는 우리가 마침내 개를 갖게 되었다는 말을 들은 날이 아직도 기억난다. 1993년 10월 13일, 나는 할머니, 할아버지와 함께 탑스필드 박람회에 갔다. 우리는 캐러멜을 씌운 사과를 먹고 갈기에 리본이 달린 클라이즈데일 말이 큰 천막 주변을 이리저리 뛰어다니는 모습을 지켜보았다. 우리는 상을 받은 호박과 덩치 큰 토끼들, 우아한 난초들을 살폈다. 할머니와 할아버지는 항상 그랬듯 내가 무엇이든 마음껏 하게 하고 뭐든 사주셨다. "나는 내 푸들, 골든 리트리버, 요크셔테리어를 사랑해!"라고 적힌 열쇠고리를 늘어놓은 곳에 가기 전까지는 말이다.

"할머니, 여기 좀 봐요!" 내가 한 열쇠고리를 가리키며 말했다. "케언 테리어 열쇠고리도 있어요!"

케언 테리어는 당시 내가 키우고 싶다고 조르는 중인

품종이었다. 나는 월도라는 이름의 케언 테리어를 키웠던 아빠의 첫 번째 아내 샐리 아주머니에게 알레르기를 적게 유발하는 개 품종에 대해 들은 적이 있었다. 월도를 만난 후 나는 즉시 비숑 프리제, 푸들, 웨스트 하이랜드 화이트 테리어, 포르투갈 워터 도그처럼 알레르기 유발 가능성이 낮은 개들을 목록으로 정리해 아무렇지도 않게 부엌 식탁 위에 두었다. 사실 어떤 종이든 다 좋았지만 그중에서도 특히 케언 테리어에 끌렸다. 월도의 멋진 귀와 완고한 성격, 똑똑한 머리, 그리고 훌륭한 태도가 맘에 들었다. 이 품종 중에는 유명한 캐릭터도 있었다. 《오즈의 마법사》에 나오는 토토가 케언 테리어 품종이었다. 게다가 스코틀랜드어 'cairn'이 엄마의 이름과 마찬가지로 '캐런'으로 발음된다는 사실을 알게 되자 이 품종이야말로 엄마를 설득할 수 있는 최고의 선택지인 것처럼 보였다.

"이 열쇠고리 사도 돼요?" 내 물음에 할머니와 할아버지는 시선을 교환했다. 나는 그 표정을 이렇게 해석했다. '오늘 이미 바보 같은 허섭스레기를 그렇게 많이 사줬는데 얘는 왜 또 이게 갖고 싶다는 걸까요?' 그래서 나는 '나는 여러분이 가장 귀여워하는 손녀예요!'라고 말하듯 가장 불쌍한 표정을 지어 보였다.

"글쎄다." 할머니가 천천히 말을 고르며 입을 열었다. "일단 실제로 개를 키우고 나서 그런 열쇠고리를 사는 게 좋지 않을까? 알지? 징크스가 될 수 있잖니?" 나는 열쇠고리를 보며 한숨을 푹 내쉬었다. 할머니가 무슨 말씀을 하려는지 알 것 같았다. 하지만 그날 저녁 늦게 부모님이 할머니 댁으로 나를 데리러 왔을 때, 박람회 얘기를 하다 "나는 케언 테리어를 사랑해" 열쇠고리 이야기를 가장 먼저 꺼내고 말았다. 그러자 어른들이 바쁘게 눈짓을 주고받았다.

어른들을 본 나는 대체 무슨 일이 일어나고 있는지 궁금했다.

"음." 엄마가 입을 뗐다. "사실 너에게 전할 몇 가지 소식이 있단다. 아빠랑 엄마는 오늘 뉴햄프셔의 메러디스에 갔었어." 나는 부모님을 멍하니 바라보았다. "거기서 개 사육사를 만났단다. 메러디스에 케언 테리어를 키우는 여자분이 있었거든. 너도 알지? 윌도 같은 품종 말이야."

그 뒤로는 아무런 기억도 나지 않는다. 너무 기쁜 나머지 정신이 없었다. 부모님은 엄마가 강아지 곁에 가면 알레르기 반응을 어느 정도 보일 건지 확인하기 위해 사육사가 최근에 들여온 새끼를 보러 갔다. 엄마는 케언 테리어를 안아 들었고 확실히 재채기를 한 번도 하지 않았다. 부모님은 엄마가 나쁜 반응을 보여 빈손으로 돌아올 경우를 대비해 내게는 미리 말하지 않았다고 했다. 하지만 아니었다. 두 분은 엄마가 안았던 강아지의 계약금을 지불하고 돌아왔다. 우리는 강아지가 어미를 떠나도 괜찮을 때를 기다려 한 달 뒤에 데리러 갈 예정이었다!

그로부터 한 달은 지금껏 내 인생에서 가장 길었다. 메러디스에 가기 전날 밤에는 밤새 한숨도 못 잤다. 부모님과 함께 사육사의 집에 도착했을 때는 완전히 흥분한 상태였다. 나는 심호흡을 한 뒤 안으로 들어가 우리 개 거스가 될 강아지를 만났다. 아직 보드라운 솜털로 덮인 작은 얼굴을 내려다보자 강아지가 나를 올려다보았다. 머릿속에 어떤 생각이 떠올랐다. '이제 모든 것이 달라질 거야.' 메러디스에서 렉싱턴으로 돌아오는 내내 나는 강아지를 안고 있었다. 거스는 돌아오는 차에서 내 양털 스웨터를 끌어안은 채 잠을 잤다.

거스가 아빠에게만 마음을 열었다는 사실은 금방 드러났다. 물론 거스를 가장 많이 산책시키고, 항상 주머니에 간식을 넣은 채 시간을 들여 훈련시킨 사람은 아빠였지만, 그래도 애초에 거스를 우리 집에 들인 건 나 때문이지 않은가? 거스가 나에게 고마워해야 하는 거 아니야? 게다가 우리 집 강아지는 매우 독립적인 성격이었다. 이건 사실 테리어 품종의 모든 개가 가진 일반적 특징이었지만 거스는 유독 더했다. 거스는 어디론가 도망치는 것을 좋아하기도, 이웃과 친구가 되고 싶어 하기도, 집 안의 중요한 물건을 감추거나 부수는 걸 즐기기도 했다. 그 개는 자기만의 생각이 있었고, 나와 단짝 친구가 되는 것은 우선순위에서 다소 먼 듯했다. 하지만 그래도 괜찮았다. 첫 번째 개를 들이며 부모님의 고집을 꺾는 데 성공했으니 두 번째 개를 들이는 건 그보다 쉬울 것이다.

　　두 번째 개 그웬은 2년 뒤 내가 6학년이 되기 전 여름방학에 나타났다. 나는 《보스턴 글로브》지의 광고란을 다시 뒤지다가 '강아지 부자'라는 사육장에서 케언 테리어를 판매한다는 광고를 발견했다. 나는 부모님을 졸라 "그냥 한번 둘러보러" '강아지 부자'까지 가는 데 성공했다. 그곳에 가니 한 무리의 강아지들 가운데 작은 암컷 케언 테리어 한 마리가 옆에 있는 닥스훈트 강아지의 귀를 핥고 있었다. 아빠와 나는 즉시 마음을 빼앗겼다. 하지만 엄마는 확신하지 못했다. 아직 생각할 시간이 필요하다고 했다. 아빠와 나는 한숨을 쉬었다. 우리 가족은 다시 차에 올랐다. 하지만 자동차를 300미터 정도 운전한 엄마가 갑자기 차를 세우고 내 쪽을 돌아보더니 이렇게 말했다. "어휴, 그래. 가서 데려와." 그웬은 거스가 그랬던 것처럼 집으로 가는 내내 내 옆에 바짝 붙어 있었고, 차 여기저기에 계속 토했다. 앞으로 14년 동안 이어질 멀미의 전조였다.

　　하지만 상관없었다. 아무리 구토를 많이 해도 나는 그웬을 사랑했다. 그리고 아무리 아빠를 더 사랑하거나 혼자 있는 것을 더 좋아한다 해도 나는 거스를 사랑했다. 두 마리의 개는 나의 가장 친한 친구였고, 몇 년 동안 우리의 우정은 변하지 않았다. 하지만 인생에서 영원한 건 아무것도 없다. 반려동물의 경우 특히 더 그렇다.

　　거스는 이렇게 죽었다. 내가 열여덟 살이고 웰즐리 대

학 1학년이었던 2006년 가을, 부모님 집에서 전화가 왔다. 거스를 안락사시켜야 한다는 연락이었다. 거스는 자주 아팠는데, 특히 장 운동에 어려움을 겪고 있었다. 나는 크게 걱정하지 않았다. 거스는 늘 다시 괜찮아지곤 했기 때문이다. 하지만 이번에는 아니었다. 거스의 장이 제대로 수축되지 않는 문제를 해결하기 위해 수술까지 받게 했지만, 상황이 더 악화되는 것 같았다. 거스는 변을 보면서 피를 흘렸고, 심지어 가장 좋아하는 활동인 식사도 중단했다. 끝이었다.

그날 내가 어디서 무얼 하고 있었는지 아직도 기억한다. 학교 안뜰에서 기숙사까지 교내 미술관 옆을 걷고 있었다. 부모님이 용건을 말했을 때 나는 길에 털썩 주저앉고 말았다. 뜨거운 눈물이 얼굴을 적셨다. 부모님이 개를 키워도 좋다고 했던 날 할머니 댁 부엌에서 느꼈던 만큼 강렬한 감정이 나를 휘감았다. 내용은 정반대였지만 말이다.

다음 날 엄마와 아빠가 나를 데리러 왔다. 나는 오후부터 거스가 잠든 부엌 바닥에 누워 시간을 보냈다. 나는 끊임없이 스스로에게 물었다. '우리가 과연 이걸 결정할 권리가 있을까?' 처음 키우던 물고기가 죽자 엄마가 "때가 되었기 때문에" 죽었다고 내게 설명했던 기억을 떠올렸다. 하지만 거스에게 지금이 '그때'인지 우리가 어떻게 안단 말인가? 나는 아주 늦은 밤까지 부엌 바닥에 머물렀다. '오늘이 거스의 마지막 밤'이라는 생각이 계속 떠올랐다. '우리가 거스와 보내는 마지막 밤

이야.' 나는 울다가 잠이 들었다.

거스는 2006년 11월 7일에 죽었다. 우리 집에 처음 온 날로부터 9주년이 채 되지 않아서였다. 비록 몹시 아팠지만 거스는 우리와 동물병원에 가던 날 자동차에서 여전히 신나 했다. 자동차 드라이브는 먹는 것 다음으로 거스가 좋아하는 취미였다. 거스는 꼬리를 흔들며 뒷좌석으로 뛰어들려고 했다. '우리가 자기를 어디로 데려갈지 알아도 저럴까?' 나는 벌써부터 눈물이 쏟아졌다. 거스는 자동차에 타고 있는 내내 밖을 내다보았고, 나는 그런 거스를 바라보며 등을 문질러주었다. 거스는 동물병원에 도착하자 뛰어내려 병원으로 달려갔다. 고통스러운 수술을 숱하게 받았는데도 거스는 여전히 그곳에서 일하는 모든 사람을 아주 좋아했다. 나는 그 모습을 차마 볼 수 없었다. 뜨거운 눈물이 뚝뚝 떨어졌다. 결국 시간이 왔다. 우리 셋은 스테인리스 탁자 위에 앉은 거스를 둘러싸고 서 있었다.

나는 거스의 등에 손을 얹고 뻣뻣한 털을 문질렀다. 아빠는 거스의 황금빛 털을 꽉 움켜쥐었다. 수의사가 거스의 몸에 주삿바늘을 넣었고, 주사기 속이 채 비기도 전에 거스는 무릎이 구부러지면서 주저앉았다. 분홍색 혀가 입 밖으로 튀어나왔고 힘이 들어가지 않아 축 처졌다. 나는 눈물이 나서 시야가 흐려졌다. 거스가 누워 있는 동안 부모님과 함께 등을 계속 쓰다듬었다. 이내 거스의 얼굴이 수건에 파묻히면서 잠자는 듯 부자연스러운 자세가 되었다. 벌써부터 몸에서 온기가 빠지기 시작했고 꾸준했던 호흡의 리듬이 흐트러지고 있었다. 나는 거스의 푸른색 낡은 나일론 목줄을 풀어서 접은 다음 손에 꼭 쥐었다. 엄마는 이미 처치실에서 나가 자동차에 탔다. 엄마는 항상 감정을 억누르고 할 일로 돌아가는 성격이었다. 그러는 동안 아빠는 할아버지가 돌아가신 이래 처음 보는 모습으로 흐느꼈다. 아빠는 전에 개를 키운 적이 있었고 자신의 개들이 죽는 것을 지켜보았다. 안락사를 시키겠다는 힘든 전화도 아빠 몫이었다. 내가 혼란스러운 표정으로 바라보자 아빠는 고개를 저으며 말했다.

"매번 이제는 더 수월하겠지 생각한단다. 하지만 매번 각기 다른 느낌으로 끔찍하고 지독한 일이구나."

우리는 거스의 시신을 화장했다. 개를 키우는 데 그렇게 반대했던 엄마는 돈이 더 들더라도 거스를 따로 화장하자고 주장했다. 결국 거스는 유골 상자에 담겨 우리 집 벽난로 옆 바닥에 잠시 머물게 되었다. 우리는 유골을 어떻게 처리해야 할지 결정하지 못했다. 그렇게 6개월이 지나 전몰장병 추모일이 있는 주말이 되었다. 초여름이 다가오자 우리 가족은 피셔스섬으로 향했고, 트럭에서 아빠의 보트를 끄집어내 바다로 나갔다. 아빠는 일기예보를 통해 날이 맑고 고요하며 바다가 잔잔하다는 사실을 확인했다. 우리 가족은 굳이 입 밖으로 꺼내지 않았지만 지금이 그때라는 사실을 알았다. 부모님과 나는 배에서 유골 상자를 꺼냈다. 거스가 자동차를 타는 것보다 더 좋아한 일이 배를 타는 것이었다. 거스는 갈매기나 줄무늬농어를 보면 짖었고, 코를 스치고 지나가는 모든 냄새를 킁킁대며 즐겼으며, 큰 물고기가 갑판에 토한 작은 피라미들을 게걸스럽게 먹어 치웠다. 아빠는 자신이 가장 좋아하는 낚시터이자 거스와 함께 시간을 보냈던 등대로 보트를 몰았다. 우리는 천천히 거스의 재를 한 움큼씩 떠서 바다에 뿌렸다. 플라스틱 유골 상자가 텅 비고 우리 셋 모두 울음을 터뜨릴 때까지 그 과정을 반복했다. 다 끝나자 아빠는 배의 측면에 몸을 기댄 채 손을 파도에 담가 손에 묻은 마지막 재를 씻어냈다.

"잘 가렴, 거스." 아빠가 울면서 읊조렸다. 아빠가 수면 아래로 떠내려가는 재를 쓰다듬듯이 몸을 수그리는 순간 머리 위에 얹어두었던 선글라스가 미끄러져 물속으로 떨어졌다.

"이런, 여보." 엄마가 울면서 말했다. "비싼 선글라스잖아요!"

하지만 아빠는 울음이 터져 아무 대꾸도 하지 못했다.

이번엔 엄마가 그 옆에 손을 담갔다.

"잘 가, 거스." 엄마가 배의 측면에 손을 뻗으며 말했다. 손끝이 물을 스치던 그때, 엄마의 선글라스도 파도 속으로 떨어지고 말았다. "아이고, 정말 이러기야?"

아빠는 여전히 울고 있었지만 조금씩 웃음기가 묻어났

# 238

아는 동물의 죽음

다. "거스가 그런 거야!" 아빠가 말했다. "우리에게 마지막으로 장난을 치고 있어!"

거스가 망을 쳐놓은 현관을 열고 모험을 떠난 일, 초등학교 5학년 때 내 사회 교과서를 온통 씹어 엉망으로 만든 일, 동네에서 스컹크를 발견하고 골려서 화나게 만든 일들이 떠올랐다. 거스는 항상 뭔가 말썽을 피우려고 잔뜩 일을 꾸미는 듯했다. 부모님의 선글라스 2개를 바다에 풍덩 빠뜨린 건 당연히 거스의 유령이었을 것이다.

엄마가 웃음을 터뜨렸고 나도 따라 웃었다. "정말 못된 녀석이네!" 엄마가 말했다. "거스가 그렇지 뭐!" 내가 크게 외쳤다.

나도 보트 옆쪽으로 손을 뻗어 바닷물에 담갔다. 선글라스는 미리 벗어 주머니에 넣은 채였다. "거스, 이건 가져갈 수 없을 거야!" 내가 웃고 울기를 반복하며 말했다. 나는 다른 손으로 눈가를 쓱 닦으며 손가락을 바닷물에 담갔다. 우리는 한동안 갈매기 소리를 들으며 등대의 바위에 부딪쳐 부서지는 파도를 말없이 바라보았다.


이제 그웬의 마지막도 얘기해야겠다. 내가 대학을 졸업한 이후로 그웬은 왠지 동작이 굼떴다. 수의사에게 그웬이 라임병을 앓고 있다는 말을 들은 우리 가족은 매일 치즈 조각에 아기용 아스피린을 싸서 먹였다. 그웬은 치즈만 먹고 카펫에 알약을 뱉곤 했지만 말이다. 엄마는 그웬을 위해 닭 통구이를 해줬고, 간식을 더 주고 귀도 더 긁어주었다. 소파에서 쉬어도 쫓아내지 않았음은 물론이다.

그웬은 내가 대학원에 다니던 2013년 5월에 열네 살이 되었다. 그때쯤 그웬은 거의 소파에서 혼자 잤고, 거동을 못 해 누군가가 들어 올렸다가 내려줘야 했다. 가족이 그웬을 안아 올릴 때면 딱딱 소리를 내거나 사람을 물어뜯으려고 했다. 평소에 하지 않던 행동을 하는 것으로 보아 통증이 있을지도 모르는 상황이었다. 6월 중순의 어느 날부터는 먹이를 입에 대지 않았다. 당시 나는 대학원 학기가 끝난 뒤라 다음 학기까지 부모님과 함께 피셔스섬의 별장에서 여름휴가를 보내고 있었다. 나는 섬의 작은 활판 인쇄소에서 일하며 생활비를 보탰다. 그날도 일하러 간 나를 대신해 부모님은 거스를 아빠의 보트에 태웠다. 우리가 거스의 유골을 뿌릴 때 쓴 보트였다. 거스는 이 보트를 참 좋아했는데 불쌍한 그웬은 정반대로 무척 싫어했다. 부모님은 그웬을 육지로 데려가 코네티컷주 노앤크의 수의사에게 보였다. 수의사는 라임병이 심해졌다며 아스피린을 더 처방했다. 그렇게 부모님은 그날 그웬을 섬으로 다시 데려왔다. 하지만 얼마 후부터 그웬은 물조차 마시지 않았다. 그웬은 가만히 누워 있어도 헥헥 소리가 날 정도로 숨을 몹시 헐떡였다. 비록 소리 내 이야기하지는 않았지만 엄마, 아빠, 그리고 나는 이것이 라임병 증세가 아니라는 사실을 깨달았다. 아주아주 나중에, 어느 날 아침 아래층에 내려갔을 때 그웬이 그대로 깨어나지 않기를, 그래서 더는 고통받지 않기를 우리 가족이 각자 기도했다는 사실을 알았다.

아무도 개를 보내겠다는 전화를 걸고 싶어 하지 않았다. 하지만 마음속으로는 우리가 그 일을 해야 한다는 것을 알고 있었다. 결국 부모님은 코네티컷 동물병원에 예약을 했다. 엄마, 아빠는 만약을 위해 나도 함께 가야 한다고 말했다. 나는 그날 일을 쉬고 아침에 부모님과 보트에 올랐다. 엄마는 그웬을 꼭 안고 있었다.

보트를 노앤크에 부두에 정박한 뒤 덤불과 도랑 사이를 헤쳐 나아가야 했는데, 다행히 동물병원까지는 걸어갈 만한 거리였다. 병원에 도착하자 수의사는 MRI 스캔을 했고, 우리 모두가 내심 추측했던 것을 확인했다. 그웬의 몸은 종양으로 가득 차 있었고, 극심한 통증을 겪는 중이었다. 레몬 크기의 종양 2개가 대장을 막아 그동안 먹지도, 마시지도, 변을 보지도 못했던 것이다. 종양은 심지어 폐로 전이되었고, 호흡 곤란을 겪은 것은 그래서였다. 수의사는 우리의 의사를 물었다.

엄마와 아빠, 나는 서로의 얼굴을 바라보았다. 우리는 이미 결정을 내렸다. 그렇게 아프고 상처 입은 개를 다시 보트에 태워서 돌아가 오랜 기간 고통받게 할 수는 없었다.

그웬은 시끄러운 소리를 싫어했다. 이를테면 천둥 소리나 불꽃놀이를 좋아하지 않았다. 그래서 독립기념일인 7월 4일까지는 화장실에 숨어 일주일을 보내곤 했다. 하지만 이번에는 달랐다. 이웃들이 조명탄이며 불꽃놀이의 일종인 로만 캔들로 시끄럽게 굴었지만 그웬은 며칠 동안 소파의 자기 자리에서 움직이지 않았고, 이건 몸이 많이 아프다는 뜻이었다. 우리는 그웬에게 주는 마지막 선물이 또 한 번 독립기념일을 겪기 전에 편하게 보내주는 것이라고 결심했다. 그러나 아빠의 말처럼 그웬을 보내는 건 예전의 경험과는 또 다른 방식으로 지독한 일이었다.

섬으로 돌아오는 보트에 오르기 위해 나는 껍데기만 남은 그웬의 죽은 몸을 들어 안았다. 엄마는 동물병원에서 그웬은 화장하고 싶지 않다는 뜻을 밝혔다. 우리의 두 번째 개 그웬은 언제나 집을 좋아했기 때문이다. 엄마는 그웬을 피셔스 섬으로 데려와 별장 옆에 묻기를 바랐다. 아빠와 나도 동의했다. 보트 위에서 나는 그웬의 몸을 수건에 싸서 바짝 끌어안았다. 별 의미 없는 일이라는 것은 알았지만, 그래도 바람을 막아 그웬을 보호하려고 애썼다. 수건과 바지에 오줌을 비롯한 액체들이 스며 나오는 게 느껴졌지만, 나는 더 꽉 껴안았다. 마침내 집에 도착한 우리는 그웬의 사체를 뜰에 묻었다. 나중에 그 위에 수국을 심었다.

이것이 거스와 그웬의 마지막 장면이다. 둘 다 늙고 아팠고, 우리 가족은 두 번 모두 안락사를 요청했다. 둘 다 동물병원의 스테인리스 테이블에서 세상을 떠났다. 두 번 다 수의사가 마지막 주사를 놓을 때 나와 부모님만 그 자리에 있었다. 개들의 죽음에 대한 내 기억은 끔찍한 결정의 무게로 무겁게 짓눌렸고, 그때마다 스테인리스 테이블은 차가웠다. 이 모든 것이 얼마나 지독하게 느껴지는지 아무도 이해할 수 없을 거란 생각에 외로웠다.

그럼에도 우리가 알아둬야 할 사실이 있다. 반려동물은 살아 있을 때 우리가 공동체를 일구도록 돕는다. 개를 키우지 않았을 때는 이웃을 거의 몰랐다. 하지만 부모님은 개를 키우면서 몇 시간 동안 마을 주변을 산책해야 했고, 사람들과 반려동물, 가족, 직업, 인생에 관한 대화를 나누며 시간을 보냈다. 줄리 벡이 《애틀랜틱》에 "개들은 인간의 정교하고 차가운 사교적 관습을 전혀 개의치 않는다. 개들은 자기가 좋아하는 누구와도 교류한다. 정말 고마운 일이다"라고 글을 썼듯이.

2008년의 한 연구에 따르면 사람들은 낯선 사람이 개를 데리고 있는 경우 그가 동전을 한 움큼 떨어뜨리면 같이 도와서 동전을 줍는 경향이 있다고 한다. 나도 낯선 사람이 혼자 있으면 말을 걸기가 망설여지지만, 유독 귀여운 강아지를 데리고 있는 사람이나 공원에서 토끼에게 목줄을 채워 산책시키는 사람을 보면 장벽이 무너진다. 동물의 이름이나 나이, 품종에 대해 질문을 던지면 확실히 어색한 분위기가 누그러지며, 사람보다 동물에게 "네 이름이 뭐니?"처럼 먼저 말을 걸 수 있다는 점에서 마음이 편하다. 벡은 이렇게 말한다. "개는 보다 안전한 대상이다. 개가 여러분을 거부하는 일은 없다."
하지만 그보다 더 중요한 건, 내가 그 사람과 같은 관심사와
공통점을 가졌다는 것을 바로 알게 된다는 사실이다.

그뿐만 아니라 사람들은 반려동물을 일종의 리트머스
시험지로 활용한다. 거의 10년 동안 보스턴 지역에서 개를 산
책시키는 일을 한 폴 M. 바네코는 어떤 사람이 자기 직업에 어
떻게 반응하는지를 보면 그 사람과 관계가 지속될지 여부를 바
로 알 수 있다고 했다. 바네코는 그가 아장아장 걷기 시작하면
서부터 동물과의 관계가 시작되었다. 바네코의 조상 중에는 포
르투갈인, 카보베르데인, 유대인, 아르메니아인, 아메리카 원
주민이 있으며, 아일랜드계 체코인 가정에 입양되었다. 바네
코는 어린 시절에 대해 이렇게 말한다. "나는 나이를 먹으면서
가족과 자연스러운 유대감을 느끼려고 굉장히 애써야 했죠."
바네코는 대신 개들에게 감정적인 지원을 받았다. 그랬던 만큼
바네코가 "마음이 더 끌리는" 직업을 찾고자 다니던 회사를 떠
났을 때, 그 일이 개와 관련되리라는 건 불 보듯 뻔했다. 바네코
가 열두 살 무렵 아버지의 권유로 처음 한 일도 개와 30분을 걸
을 때마다 50센트씩 받는 '개 산책 아르바이트'였다. 그러다 아
버지가 세상을 떠나자 바네코는 성견을 산책시키는 일에 본격
적으로 뛰어들었다. 바네코는 자신의 아버지를 이렇게 설명
했다. "그분은 생전에 내가 어떤 특정한 일을 하도록 설득하지
못했죠. 하지만 돌아가신 뒤 설득에 성공했어요." 회사를 그만

두고 개 산책 일을 하는 바네코는 "이것이 30년 동안 꽉 닫혀 있던 마음의 문을 열게 한 진실하고 절대적인 기쁨"이라고 표현했다. 그는 개 산책 일을 계속하는 중이다.

바네코는 개 산책 일에 대해 이렇게 말했다. "나는 나 자신을 가장 행복하게 만드는 게 무엇인지 알아내는 데 평생이 걸렸어요." 그 누구도 바네코의 행복을 빼앗을 수 없었다. 바네코는 3년 전쯤 누군가와 데이트를 시작했는데, 어느 날 밤 바네코가 머피라는 블랙 래브라도를 돌보는 중에 그 사람이 찾아왔다. 두 사람은 머피를 데리고 산책에 나섰고, 바네코가 머피의 똥을 주우려고 허리를 구부리자 남자 친구가 될 수도 있는 그의 표정에서 혐오가 드러났다. '이 사람은 내가 생계를 위해 하는 일이 창피한 거야?' 바네코는 그때 일을 떠올리며 몸서리를 쳤다. 그 모습을 보니 바네코가 전화기 너머로 남자에게 뭐라고 말했을지 상상이 갔다. "난 그에게 이제 끝이라는 해고 통지서를 보냈죠."

바네코의 인생에서 그런 종류의 사람들은 전혀 필요하지 않으며, 그런 사람들 없이도 곁에 소중한 존재가 많다. 머피, 젭, 그레이스, 매기, 타이슨, 라일리, 지쉬를 비롯해 바네코가 나와 대화하는 동안 떠들썩하게 화제에 올린 여러 이름은 지금 산책시키고 있거나, 산책시켰던 개들, 그리고 오래전에 죽은 개들의 이름이었다. 그뿐만 아니라 바네코는 그 개들의 가족들, 자신을 고용한 사람들, 자신을 위해 일해준 사람들,

이사를 간 이웃들, 개가 죽어서 더 이상 바네코의 산책 서비스가 필요하지 않게 된 사람들에 대해 이야기했다. 개 산책으로 하나의 공동체를 이룬 셈이었다.

　나는 코로나19 팬데믹이 발생한 지 6개월쯤 된 2020년 8월 바네코와 다시 이야기를 나눴다. 바네코는 그동안 고객을 많이 잃었다고 말했다. 재택근무를 하는 사람이 늘어 개를 산책시킬 사람을 고용할 필요가 없어진 데다, 일자리를 잃어 경제적 여유가 없는 사람이 많아졌기 때문이었다. 바네코는 고객의 3분의 2를 잃었다. 하지만 남은 사람들이 바네코가 궁지에서 벗어나게 해주었다. 몇몇 고객은 더 이상 개를 산책시키러 올 필요가 없다고 말하면서도 매주 바네코에게 수표를 보냈다. 몇몇은 겉으로나마 평범한 일상이 유지되기를 바란 나머지 상황이 평소와 다르고 이상하다고 느끼지 않도록 바네코에게 개를 계속 산책시켜달라고 부탁했다. 물론 이사를 간 고객도 있고 바네코가 보균자일지도 모른다고 겁먹는 고객도 있었지만 말이다(확실히 말해두자면 바네코는 최대한 안전한 작업 환경을 갖춘 사람들 중 한 명이다. 항상 야외에서 일하는 데다 여러 마리의 개를 끌고 다니는 만큼 사람들에게서 2미터 정도는 떨어져 있다). 이렇게 계속 지원해준 사람들이 바네코가 일상을 지속할 닻이 되었다. 전 세계적 팬데믹이든 아니든, 인생에서 우리는 최대한 많은 닻이 필요하다.

　프랜 웨일은 이 점에 대해 누구보다 잘 안다. 웨일은 매사추세츠주 댄버스에 있는 노스 쇼어 올 세인트 성공회교회 소속 '퍼펙트 포즈 반려동물 사역'의 공동 설립자다. 퍼펙트 포즈는 한 달에 한 번 사람들이 반려동물을 데려올 수 있는 모임을 주최한다. 이 월례 예배에서는 죽은 반려동물의 추모와 더불어 우리와 함께 사는 반려동물을 위한 모임도 연다. 퍼펙트 포즈는 웨일과 배우자인 게일 아널드가 그들이 사랑했던 웨스트 하이랜드 화이트 테리어 가운데 하나인 프레스턴을 안락사시킨 이후 시작되었다. 웨일과 아널드는 일요일 아침 교회에 갔고, 당시 신부였던 테아 키스 루카스는 부부가 평소처럼 활기차 보이지 않는다는 사실을 알아차렸다. 신부가 무슨 일이 있느냐고 묻자 웨일은 프레스턴을 안락사시키기 위해 그날 늦게 수의사가 올 예정이라고 설명했다. 키스 루카스 신부는 그날 미사를 진행하면서 신도들에게 웨일과 아널드, 프레스턴을 위해 기도해달라고 부탁했다. 웨일은 당시를 이렇게 회상했다. "예배가 끝난 뒤 교회의 모든 사람이 우리를 격려하고 포옹해주었죠." 바로 그때 웨일은 퍼펙트 포즈 반려동물 사역에 대한 영감을 받았다. 사람들이 반려동물의 죽음에서 비롯된 슬픔을 덜 느끼도록 그룹을 만들기 위해 이리저리 알아보았고, 키스 루카스 신부의 도움을 받아 월례 예배를 진행하기 시작했다.

2019년 11월, 리치와 나는 퍼펙트 포즈 모임에 나갔다. 지난해에 애정을 주었다가 잃어버린 모든 동물을 위한 연례 추모식과 추수감사절 예배가 이뤄지는 특별한 모임이었다. 일종의 반려동물을 위한 위령의 날인 셈이었다. 리치와 나는 누군가 애도할 공간에 불쑥 침범하고 싶지 않아 주저하다가 들어갔다. 그때 블랙 래브라도 강아지를 데리고 온 여성이 우리를 지나쳐 문을 열었고, 교구 목사 관저의 따뜻한 빛이 어둡고 지독하게 추운 11월의 공기 위로 넘쳐흘렀다. 강아지가 앞으로 끌자 여성이 문을 붙잡은 채 "들어올 거예요?"라고 물었다. 리치와 나는 서둘러 안으로 들어갔다.

나는 웨일을 금방 찾았다. 눈에 띄는 미인이었기 때문에 찾기 쉬웠다. 작은 체구에 짧은 은발, 안경을 쓰고 밝은색 옷을 입은 웨일은 우리가 목사관 안으로 들어갔을 때 즐거운 목소리로 대화를 나누고 있었다. 웨일은 퍼펙트 포즈에 오는 사람 모두를 개인적으로 알고 있었다. 그들의 반려동물, 그리고 과거에 키웠던 모든 반려동물까지 잘 알고 있었다. 웨일은 동물의 죽음과 삶, 그리고 사람의 죽음과 삶에 대한 여러 사연을 기억한다. 웨일은 주변의 건강 문제와 생활의 변화를 주시하고 사람들이 어떻게 지내는지 항상 확인하며, 월례 예배를 통해 구축한 공동체 역시 정말 특별하다(웨일은 얼른 자신이 해온 일을 겸손하게 낮추며 "관련된 모든 사람이 사역을 뒷받침해왔다"고 덧붙였다).

퍼펙트 포즈는 올 세인트 교회에 딸린 목사관 홀에서 열린다. "여기가 오두막이기 때문이죠." 웨일이 말했다. 아늑한 교회 홀과 접이식 의자, 격식을 차리지 않는 분위기가 사람을 위로하는 느낌을 더했다. 리치와 나는 앞에 나서지 않고 뒤에 서 있으려 했지만, 사람들은 상냥하고 친절하게 프로그램과 사용 가능한 의자를 내주면서 우리가 자신들의 예배를 탐색하도록 도와주었다. 반려동물을 키우는 사람도 있고 그렇지 않은 사람도 있었지만, 밖에는 블랙 래브라도, 요크셔테리어 여러 마리, 위풍당당한 아프간하운드 두 마리, 이동장에 들어간 고양이 한 마리를 포함해 10마리가 훌쩍 넘는 동물이 있었다.

예배가 시작되기를 기다리는 동안 나는 참가자들과 그들의 반려동물들을 지켜보았다. 사람들은 방을 가로질러 서로를 향해 열정적으로 손을 흔들었고, 강아지와 눈을 맞추기 위해 몸을 웅크렸으며, 동물들은 이 사람 저 사람에게 뛰어다녔다. 가끔은 그곳의 모든 사람과 친밀하게 지내는 통에 누가 키우는 동물인지 불분명한 경우도 있었다. 블랙 래브라도를 데리고 온 여성이 방 앞에 서 있었는데, 코트를 벗은 모습을 제대로 보고서야 이 여성이 예배를 이끌 마리아 드 칼렌 목사라는 사실을 알았다.

드 칼렌이 치유를 위한 아메리카 원주민의 기도를 시작하자 실내는 조용한 중얼거림으로 부드러운 분위기가 되었다. 전통적인 교회 예배처럼 진지하고 침울하게 침묵을 지키는 분위기가 아니었다. 개 인식표가 짤랑짤랑 울리고, 강아지가 하품하고, 고양이가 바스락거리며 자세를 고치는 포근한 백색 소음이 가득했다. 그러고 나면 반려동물에게 각자의 보호자들이 부드럽게 주의를 주는 소리가 들렸다. 이따금 개가 짖었고 뒤이어 쉬쉬 달래는 소리가 이어졌다. 동물들은 어떤 것도 지나치게 심각하게 받아들이지 않았고, 그런 동물들을 데려온 장소에서는 보호자도 그럴 수밖에 없었다. 예배가 진행되는 동안 음악이 들리거나 박수 소리가 있을 때마다 개들은 멍멍 짖거나 우우 울부짖었다. 하지만 아무도 신경이 곤두서거나 화내지 않았다. 그저 웃을 뿐이었다.

　　참가자들은 동물과 슬픔, 상실에 대한 성경 구절을 읽었고, 드 칼렌 목사는 우리가 반려동물을 잃었을 때 느끼는 상실감에 대해 이야기했다. 사람들은 아프거나 최근에 세상을 떠나 기도가 필요한 동물들의 이름을 말했고, 웨일은 지난 1년 동안 죽은 반려동물들의 슬라이드 쇼를 재생했다. 성찬식이 진행되자 어떤 이들은 참여하고 어떤 이들은 참여하지 않았다. 퍼펙트 포즈는 어떤 종교를 가진 사람에게든 열려 있기 때문이었다. 그리고 이미 떠난 반려동물들이 보호자 역시 세상을 떠날 때까지 햇빛이 잘 드는 풀밭인 "천국의 이쪽"에서 보호자를 기다린다는 내용과 더불어 우리 모두 무지개다리를 건너 영원히 함께한다는 노래 여러 곡이 기타 반주로 불렸다. 추모식이었던 만큼 잃어버린 동물들을 기리기 위해 촛불도 켰다. 나는 처음에는 뒤로 물러서 있었다. 그웬이 죽은 지는 6년도 넘었고 거스는 13년이나 되었다. 아리스토텔레스와 처키, 키키를 비롯한 물고기들은 훨씬 더 오래전에 죽었다. 드 칼렌이 작년에 키우던 강아지의 죽음에 대해 이야기하며 눈물을 흘리는데 내가 어떻게 올라가서 촛불을 켤 수 있겠는가?

하지만 모든 사람이 천천히 앞으로 걸어가 촛불을 켜는 모습, 그들 옆의 동물들, 사람들이 사랑했지만 떠나보낸 동물들의 이름을 속삭이는 모습을 지켜보며 나도 무언가를 깨달았다. 비록 키우던 동물이 아주 오래전에 죽었다 해도 그 동물은 여전히 우리의 일부로 남아 있었다. 동물을 키운 경험은 우리를 크게 변화시키거나 인생을 더 좋은 방향으로 바꾸고, 보다 강하고 행복한 사람이 되도록 도왔을 것이다. 그러니 6년, 13년, 심지어 평생이 흘렀다 해도 그 동물들은 여전히 존중받고 기억될 자격이 있다.

나는 앞으로 나가 탁자 위 유리 항아리에서 긴 성냥을 집어 들고 내 차례를 기다리면서 나를 거쳐 간 모든 물고기와 새, 설치류, 거북이들을 떠올렸다. 그동안 만난 고양이와 말들도 생각났지만 일단 키웠던 개들에게 집중하기로 했다. 마침내 내 차례가 되어 테이블에 도착했을 때 나는 긴 성냥을 긋고 초 심지 3개에 불을 붙였다. 하나는 거스, 하나는 그웬, 하나는 리치가 어릴 적에 키운 개 코코아의 것이었다. 세상을 떠났지만 항상 우리와 함께하는 아이들이다.

예배는 한 청년이 〈잃어버린 것들이 가는 곳〉을 부르며 마무리되었다. 평소라면 영화 〈메리 포핀스 리턴즈〉에 나오는 이 노래를 싸구려 감상주의라고 쉽게 치부했겠지만, 청년의 목소리와 촛불, 여러 마리의 개와 고양이가 부드럽게 바스락거리는 소리가 어우러지니 나 역시 압도되었다.

　　나는 울음을 터뜨렸고, 건너편을 바라보니 리치 역시 울고 있었다. 실내를 둘러보니 거의 모든 사람이 눈물을 흘리는 중이었다. "당신이 두려워했던 것은 영원히 사라졌네. 그들은 여전히 다들 당신의 주위에 있어요." 노래 가사가 귀에 들어왔다. 11월의 어느 일요일 매사추세츠주 댄버스의 따뜻한 목사관 홀에서 거스, 그웬, 키키, 완다가 내 곁에 있었다.

　　예배가 끝나자 다들 감정적으로 지친 것처럼 보였지만, 동시에 기분이 개운해진 듯했다. 적어도 내 기분은 나아졌다. 나는 이들 무리에서 안전함을 느꼈다. 이 따뜻하고 밝은 방은 반려동물을 잃은 슬픔이 어떤 것인지 이해하는 이들로 가득 차 있었다. 나는 웨일과 이 모임이 이런 예배를 실천하기 위해 기울이는 노고에 깊은 고마움과 감탄을 느끼며 떠났다.

　　그날 저녁 차를 몰고 집으로 돌아오면서, 나는 내가 만났던 동물들보다 그날 밤 우리와 함께 대화를 나눈 모든 이에 대해 더 많이 생각했다. 이 점은 나를 놀라게 했는데, 나는 사람보다 동물과 함께하는 게 더 편한 성격이었기 때문이다. 이 일을 계기로 나는 반려동물이라는 매개체를 통해 내가 좋은 사람들을 얼마나 많이 만났는지 생각했다. 메리와 나는 처키를 사이에 두고 유대감을 쌓았고, 웰즐리 대학 시절 친구들과는 완다를 함께 묻으며 우정을 다졌다. 그리고 누구보다 반려동물의 죽음을 잘 이해하는 인생의 파트너를 찾았다. 나는 내 작은 파란색 차를 몰고 95번 주간 고속도로를 따라 남쪽으로 내려가면서 리치를 건너다보았다. 내가 리치를 처음 만난 2012년 1월, 그는 한 달 전에 가족과 키우던 반려견인 코코아를 안락사시켰다. 우리가 가장 먼저 대화를 나눈 주제는 우리의 죽은 개들이었다. 나는 처음 대화를 나누는 순간부터 그가 반려동물이 죽었을 때 수업이나 직장을 빼먹고 침대에 몸을 웅크린 채 우는 기분이 어떤 것인지 아는 사람이라는 것을 알았다. 리치는 내가 동물 때문에 눈물을 흘린다 해도 결코 웃어넘기지 않을 사람이었다. 나는 리치가 그 감정을 이해한다는 사실을 바로 눈치챘다.

　　서른한 살 생일을 앞둔 어느 날, 리치가 무엇을 하고 싶은지 물었을 때 나는 망설임 없이 대답했다. 화이트 마운틴의 오두막을 빌리고 도그 마운틴에 오르는 것이었다. 리치는 전혀 놀라지 않고 내 생각을 완벽히 이해해주었다. 아마 그 장소를 처음 안 순간부터 가보고 싶다는 이야기를 줄곧 했기 때문일 것이다. 버몬트주 세인트 존스베리에 있는 도그 마운틴은 반려견 블랙 래브라도의 목판화로 잘 알려진 화가이자 애견인 스티븐 휴넥이 설립했다. 사람들은 휴넥의 사유지에서 자유롭게 개를 산책시키며, 이곳에서는 계절이 바뀔 때마다 개와 보호자들을 위한 큰 파티를 연다. 게다가 휴넥은 사람들이 죽은 개의 사진과 그들에게 보내는 편지를 남기며 사랑했던 동물들을 기리는 작고 아름다운 예배당도 만들었다.

리치와 나는 93번 도로를 타고 북쪽으로 달리며 뉴햄프셔주 한가운데에서 화이트 마운틴을 날아가듯 넘어 버몬트주로 향했다. 그때까지만 해도 나는 거기서 무엇을 보게 될지 예상할 수 있다고 생각했다. 도그 마운틴의 이메일 뉴스레터를 통해 예배당의 사진도 미리 보고, 휴넥의 그림책인 《강아지 예배당》도 읽었다. 나는 카메라의 렌즈를 닦고 관찰한 내용을 기록하기 위해 공책도 준비했다.

나는 하얗고 눈부시게 눈이 덮인 언덕을 지나 도그 마운틴 부지로 차를 몰았다. 하늘은 쨍하게 푸르렀고, 전형적인 뉴잉글랜드 조지 왕조 시대의 교회 양식인 예배당의 하얀 첨탑은 12월의 하늘을 배경으로 반짝거렸다. 건물 자체는 작아서 넓이가 46제곱미터 정도였다. '이게 다야?' 처음 차에서 내릴 때 이런 생각이 들었다. 리치와 함께 예배당을 향해 언덕길을 오르면서 나는 카메라 렌즈를 다시 닦았다. "모든 종교, 모든 품종을 환영하며 독단적인 신조는 환영하지 않는다"라는 표지판이 있었다. 입구에는 나무로 조각한 개 네 마리가 서 있었고, 각각의 문에는 축제 분위기가 나는 붉은 리본이 붙어 있었다. 리치와 나는 서로를 바라보았다. 이대로 들어가도 될까? 잠시 멈칫했지만, 나는 내가 이 책을 쓰는 동안만이 아니라, 얼마나 오랫동안 반려동물의 죽음에 대해 많은 글을 읽고 공부했는지를 떠올렸다. 나는 내가 무엇을 맞닥뜨릴지 안다고 생각했다. 이 정도는 안다고! 나는 예배당 문을 열었고, 들어가자마자 눈물이 터졌다.

그곳에는 수천 장의 편지와 수천 장의 사진이 있었다. 나는 어디를 먼저 봐야 할지 알 수 없었다. 샤피 사인펜으로 휘갈겨 쓴 포스트잇도 있고, 손으로 쓴 카드, 길게 타이핑한 편지도 있었다. 필름에서 인화한 사진과 컴퓨터로 종이에 인쇄한 사진도 보였다. 색인 카드에 적힌 메모, 개가 인쇄된 티베트 불교의 기도 깃발, 테니스공, 면허증, 반다나도 있었다. 그날 세인트 존스버리는 영하의 날씨였던 데다 개 예배당에는 난방이 없었지만, 내가 소름이 돋는 게 날씨 탓은 아니었다. 천사의 날개와 후광이 있는 옐로 래브라도 리트리버를 표현한 스테인드글라스 창문으로 햇빛이 흘러들었다. 또 리트리버가 조각된 벤치 4개가 실내의 정면을 향하고 있었다. 나는 그 벤치 중 하나에 푹 앉아 마른세수를 했다. 지금껏 수많은 반려동물 묘지를 방문했고, 반려동물의 보호자나 수의사들과 동물의 고통스러운 죽음에 대해 이야기를 나누었으며, 유튜브의 안락사에 관한 비디오를 섭렵한 것은 물론 눈물 한 방울 흘리지 않고 〈찰리의 천국 여행〉을 다시 볼 수도 있는 나였다. 그럼에도 나는 많은 사람이 반려동물을 아주 좋아한다는 이런 증거를 볼 때마다 깊은 인상을 받는다.

나는 벤치에 앉아 보다 많은 편지와 사진을 담은 책 한 권을 뒤적였다. 벽이 넘칠 정도였다. 우리가 처음 이곳에 들어왔을 때는 리치와 나뿐이었는데 곧 다른 커플이 스패니얼 두 마리를 안고 들어왔다. 개 한 마리가 나에게 다가왔고 나는 귀를 긁어주었다. 이곳 도그 마운틴에서는 낯선 사람의 개와 친해지는 것이 이상하지 않으며 오히려 적극적으로 격려를 받는다. 갈색과 흰색이 섞인 개가 내 다리 옆에 코를 파묻어 말을 건넸다. "참 착하구나. 이름이 뭐니?" 나는 개의 꼬리표를 뒤집어 이름을 확인했다. 거스였다.

순간 확 차오르는 눈물을 삼켜야만 했다. 그 많은 이름 속에서 하필 거스라니. 나는 천사 멍멍이가 장식된 스테인드글라스 창문을 올려다보면서 심호흡을 하고 마음속으로 인사를 건넸다.

'나도 네가 그리웠어, 거스. 내게 인사를 건네주어서 고마워.'

나는 예배당에 좀 더 머물렀다. 그러는 동안 리치는 밖으로 나가 감정을 추슬렀고 커플과 그들의 개도 떠났다. 나는 그동안 얼마나 많은 사람이 자기 반려동물을 기억하고 추모하기 위해 이 특별한 장소로 여행을 왔을지 생각했다. 동물을 잃고 슬픔을 느꼈지만 그런 사람이 자신뿐 아닐까 하는 외로움을 느낀 적이 있는 사람, 반려동물을 잃고 심한 상처를 받은 자신이 이상한 것처럼 느낀 사람, 자기가 괴짜인지 아닌지 확실하지 않은 사람들이 여기 와서 수많은 사진과 메모지가 붙은 이 벽을 보기를 바랐다. 세상에는 자신의 반려동물을 사랑하는 사람이 무척 많다. 이들은 타인과의 유대감만큼이나 반려동물과의 유대감을 강하게 느낀다. 어쩌면 반려동물과의 유대감이 더 깊을지도 모른다. 그런데 아이러니한 점은 반려동물을 잃은 슬픔을 헤쳐 나가기 위해서는 무엇보다 타인의 도움이 필요하다는 것이다. 그런 슬픔을 이해해주는 사람들이 있다. 13년 전에 죽은 개 이야기를 해도 우리 손을 잡고 울어줄 사람, 동물들을 편하게 보낼 때마다 매 순간이 다르고 각자 다른 방식으로 끔찍하게 다가온다며 우리의 마음을 편안하게 해줄 사람들 말이다. 슬픈 결말을 맞았다고 해서 그런 모든 경험이 가치가 없는 게 아니며, 우리가 그 사실을 상기하도록 도울 타인이 필요하다.

나는 빨간 종이에 검은색 샤피 사인펜으로 이름을 적었다. 거스, 그웬, 코코아. 그리고 그 아래 이렇게 덧붙였다.

"모든 게 고마웠어."
—애정을 담아, E.B.와 리치가.

기억하라. 이런 사진과 메모가 온 건물을 뒤덮고 있다.

"동물을 키운 경험은
우리를 크게 변화시키거나 인생을 더 좋은 방향으로 바꾸고,
보다 강하고 행복한 사람이 되도록 도왔을 것이다.

그러니 6년, 13년, 심지어 평생이 흘렀다 해도
그 동물들은 여전히 존중받고 기억될 자격이 있다."

버몬트주 세인트 존스베리 도그마운틴의 채플 내부 ⓒCarol M. Highsmith

Epilogue

내가 다닌 고등학교 옆 반려동물 묘지에 대해 처음 알게 된 때로부터 거의 20년이 지나 다시 그곳에 들렀다. 다만 이번에는 생생히 살아 있는 개의 목줄을 잡고 있었다.

2012년 겨울 첫 데이트를 하던 날, 리치가 다시는 다른 개를 키울 수 없다고 말했다. 전달에 떠난 반려견 코코아의 죽음을 받아들이기가 너무 힘들었기 때문이다. 나는 이것이 잠재적인 헤어짐의 사유라고 생각했지만 그래도 그를 계속 만났다. 리치는 몇 년 동안 단호하게 자기 말을 지켰지만 나는 별로 신경 쓰지 않았다. 나는 당시 뉴욕에 살고 있었고, 내가 사는 아파트에서는 어차피 동물을 기를 수 없었기 때문이다. 리치가 동물을 아예 싫어하는 것 같지도 않았다. 그의 집 부엌에는 수초와 담수어 구라미로 가득 찬 커다란 수조가 있었고, 리치는 물고기를 조심스럽고 섬세하게 보살폈다. 나는 리치가 물고기를 돌보는 모습을 지켜보면서, 지금은 단지 코코아에 대한 극도의 슬픔을 달래기 위해 나름대로 시간을 가지는 중이라고 추측했다.

그러다 2014년 즈음 리치는 이제 여자 친구인 내가 개를 키워도 괜찮을 것 같다고 말하기 시작했다. 자기는 절대 그 개에게 마음을 주지는 않을 테지만, 어쩌다가 같이 생활하는 건 괜찮다는 거였다. 나는 알았다고 얘기했을 뿐 강요하지 않았다. 이때쯤 나는 뉴욕에서 보스턴으로 이사해 케임브리지의 한 아파트에서 살고 있었다. 여기도 엄밀하게는 동물을 기르면 안 되는 곳이었지만, 나는 몰래 거북이를 키웠다. 거북이를 발견한 건 생활 정보 웹사이트인 크레이그리스트에서였다. 매사추세츠주 도심에 거주하는 한 여성이 자기 딸이 어렸을 때 이 거북이를 반려동물로 키웠지만 10대가 된 지금은 흥미를 잃어 여기 내놓는다는 글을 올렸다. 나는 리치와 함께 그 여성과 거북이를 만나기 위해 직접 운전해 길을 나섰다. 그 여성이 사는 아파트는 아이와 고양이들로 붐볐는데, 거실 한가운데 놓인 커피 테이블 위 텔레비전 바로 아래 수조에 그 거북이가 있었다. 여성이 거북이를 집어 들었다. 거칠고 신경질적이었던 아리스토텔레스와는 달리 이 거북이는 껍데기 밖으로 머리를 내밀고 주위를 둘러보았다. 갈색 앞다리를 쭉 뻗었고 붉은색 뒷다리에는 특징적인 적황색 비늘이 점처럼 흩어져 있었다. 여성은 거북이를 나에게 건넸고, 나는 거북이의 매끄러운 머리 윗부분을 문지르면서 나도 모르게 바보같이 헤벌쭉 웃고 있었다.

　　"아주 호기심이 많고 사람에게 친근하게 구는 거북이예요." 여성이 말했다. "하지만 이 집에서는 아무도 이 녀석을 충분히 신경 써서 돌보지 못하죠. 난 그저 이 녀석이 좋은 집에 가길 바라요. 무슨 말인지 알죠?" 나는 고개를 끄덕였다. 여성은 거북이의 나이부터 루콜라를 좋아하고 케일을 싫어하는 식성, 자기 딸이 왜 지금 자기 아빠 집에 살고 있는지를 시시콜콜 이야기했다. 리치는 잠자코 들었지만 나는 거북이에게 이미 홀린 상태였다.

"거북이에게 이름이 있나요?" 내가 물었다.

"테런스예요." 여성이 대답했다.

마음에 드는 이름이었다.

케임브리지로 같이 온 테런스는 리치와 내가 직접 만든 '거북이 테이블'이라는 커다란 나무 우리에 살았다. 테런스는 내가 수조에서 내리자 거실 바닥을 돌아다니며 재빨리 가족 의 일원으로 자리를 잡았다. 테런스는 침실에서 부엌으로 갔 다가 다시 침실로 돌아가며 한 바퀴 돌고, 날씨가 따뜻할 때는 발코니에서 왔다 갔다 하는 걸 즐겼다. 또 걷다가 지치면 침대 밑이나 화장실 뒤, 리치의 베이스 기타 옆처럼 조용히 잠잘 수 있는 장소를 찾곤 했다.

그로부터 얼마 지나지 않아 리치가 나와 테런스가 사는 케임브리지 아파트로 이사했다. 리치는 자기 어항을 들여놓 으면서 "이제는 적어도 앞으로 가상의 내 개와 친해질 수밖에 없을 것 같다"고 얘기했다. 그 말을 들은 나는 혼자 씨익 웃으 며 너무 자만하지 않으려고 애썼다.

그리고 그웬이 죽은 지 약 5년이 지난 2018년 초여름, 엄마가 무심코 반려동물 입양 사이트인 펫파인더를 이리저리 뒤져봤다고 말했다. 나는 가슴이 펑 터지는 듯한 기분이었다. 당시 나는 서른 살이었는데 갑자기 열두 살, 아홉 살, 아니 일곱 살로 되돌아간 느낌이었다. 키키가 들어 있는 골판지 상자를 처음 들었을 때, 뉴햄프셔에 있는 사육사의 집에서 아기였던 거스를 안았을 때와 같은 기분이었다. 심장이 빨라지고 눈이 반짝거렸지만 심호흡을 하고 냉정하게 행동하려고 노력했다.

"아, 정말요?" 내가 대꾸했다.

"그냥 재미로 찾아본 거야." 엄마가 펄쩍 뛰며 말했다. "지금은 일이 너무 많잖니. 그러니 아무래도 개를 들일 수는 없어."

나는 숨을 고르게 쉬려고 애쓰며 고개를 끄덕였다.

"어쨌든 우리에게 완벽하게 맞는 개여야 해." 엄마가 말했다. "내가 온갖 것에 알레르기가 있는 걸 알잖아. 순종이었으면 좋겠는데 그런 개가 구조되긴 할까?"

나는 고개를 끄덕이며 말했다. "흠, 계속 지켜봐요, 아셨죠? 어쩌면 적당한 개가 나타날지도 모르잖아요." 나는 숨을 거칠게 내쉬었다.

그로부터 두 달이 지났을 때 부모님은 허니라는 이름의 붉은빛이 도는 황금색 털을 가진 다섯 살짜리 케언 테리어를 안은 사진을 휴대폰 문자로 보냈다. 순종인 허니는 아무 지식 없이 개를 덜컥 키우기로 한 사람에게 구조되어 3년 동안 자라다 보호소에 유기되었다. 나는 꾀죄죄하고 조그만 개를 확대해서 뜯어보고 부모님의 표정도 확대해서 살펴봤다. 엄마와 아빠 모두 환하게 웃고 있었는데, 엄마 얼굴을 가만히 자세히 보니 눈물짓고 계셨다. 나는 미소를 지었다. 내가 해냈다. 드디어 엄마를 엄청난 애견인으로 만든 것이다. 리치와 나는 며칠 뒤에 허니를 만났다. 리치가 작은 강아지를 들어 올려 품에 안는 모습을 본 나는 리치가 이제 마음의 준비가 되었다고 짐작했다. 나는 반려동물의 죽음이 등장하는 문학 작품 가운데 내가 가장 좋아하는 유진 오닐의 《몹시 뛰어난 개의 마지막 유언》을 떠올렸다. 오닐의 죽은 반려견인 달마시안 품종 블레미의 관점에서 쓴 이야기다. 이 짧은 이야기에서 블레미는 이제 다른 개를 들이라고 무덤 너머에서 오닐에게 말한다. "이제 나는 오닐에게 나에 대한 애정으로 다른 개를 키우라고 부탁할 것이다. 다시는 다른 개를 들이지 않는 건 나와의 추억을 형편없이 만드는 행동일 뿐이다." 나는 거스와 그웬 둘 다 똑같이 생각할 것이라고 믿는다. 우리 가족이 허니에게 마음을 연다고 해서 이전의 반려동물에 대한 기억이나 우리가 품었던 사랑이 줄어들지는 않는다. 그해 여름 피셔스섬에서 허니가 그웬의 무덤가에 서서 킁킁거리는 모습을 보고 있자니, 그웬이 이 새로운 가족 구성원을 승인하는 것처럼 느껴졌다. 블레미가 이렇게 말했듯이 말이다. "내가 아무리 깊이 잠들어도 난 당신의 말을 들을 테고, 고마워서 꼬리를 흔들지 못하도록 죽음의 힘이 내 영혼을 막을 수는 없을 것이다."

2년 뒤인 2020년 여름은 팬데믹이 맹위를 떨치던 시기였다. 팬데믹이 얼마나 오래 지속될지 알 수 없었지만, 반려동물을 키우지 못한다는 규칙이 없는 곳에서 더 많은 야외 공간을 누리고 싶어 리치와 나는 집을 구입하기로 결심했다. 이사하고 나서 가장 먼저 하고 싶었던 일이 뭐냐고? 당연히 개를 입양하는 거였다. "이봐, 귀염둥이!" 입양할 수 있는 개들의 사진을 스크롤해 내릴 때 리치가 외쳤다. "너는 무슨 사연이 있는 거야? 우리랑 같이 살래?"

그렇게 우리는 반려동물 묘지로 돌아오게 된 것이다.

고등학교 때 나는 반려동물들의 무덤에 관심이 많았다. 그래서 이 묘지를 보스턴 동물구조연맹이 소유해 운영한다는 사실을 잠깐 잊었다. 이 단체가 원래 하는 일은 살아 있는 반려동물들이 집을 찾을 수 있도록 돕는 것이다. 2020년 10월의 어느 금요일, 나는 평소처럼 입양 웹사이트를 둘러보고 있었다. 코로나 팬데믹에 따른 반려견 열풍 덕분에 보호소에는 입양 가능한 개가 적었다. 그러던 중 우연히 동물구조연맹이 플로리다주에서 구조해서 싣고 온 네 마리의 개에 대한 게시물을 발견했다. 나는 그중에서 특히 애니메이션 〈아나스타샤〉에 나오는 박쥐처럼 커다란 삼각형 귀를 가진 회색 테리어 잡종견에 흥미를 느꼈다. 나는 더 많은 정보를 얻기 위해 보호소에 전화를 걸었다.

"아, 저런." 보호소 직원이 대답했다. "그 개들은 이미 입양을 기다리고 있답니다." 나는 실망한 나머지 한숨을 내쉬었다. 팬데믹 시대의 전형적인 이야기였다. 재택근무를 하는 모든 사람이 우울한 환경에서 자신의 생활을 조금이라도 덜

암울하게 만들고자 새로운 털북숭이 친구를 하나씩 찾는 것은 불가능하다. 하지만 그때 직원이 얼른 덧붙였다. "앗, 잠깐만요. 세 마리만 예약 중이에요. 나머지 한 마리는 아직 입양이 가능합니다."

"어떤 아이가 남았죠?" 가슴이 살짝 콩닥거리는 걸 느끼며 내가 물었다.

"박쥐처럼 커다란 귀를 가진 회색 아이예요."

가슴이 두근거렸다. 나는 직원이 묻는 입양 신청 질문에 대답하고, 개를 키웠던 경험에 대해 설명했다. 그리고 그로부터 30분도 채 되지 않아 리치와 나는 다가오는 주말에 이 회색 박쥐를 닮은 강아지를 만나기로 약속했다.

"우리 보호소가 어디 있는지 아시나요?" 통화가 끝날 무렵 직원이 물었다. "그 강아지는 데덤에 있답니다. 반려동물 묘지와 함께 운영하는 보호소예요." 아! 그럴 줄 알았다.

그렇게 우리는 데덤에 도착했다. 리치와 나는 그냥 한번 강아지를 보러 갈 작정이었다. 어쩌면 우리와 맞지 않는 아이거나 리치에게 재채기를 일으킬 수도 있고, 아니면 그 강아지가 우리를 좋아하지 않을지도 모른다. 하지만 말도 안 되는 변명이라는 걸 우리 둘 다 알았다. 회색 박쥐를 닮은 개가 처음의 긴장감을 극복하고 바로 우리에게 와서 리치와 내 얼굴을 핥는 순간 우리는 항복했다.

"으이그, 이 녀석." 작은 회색 강아지가 리치의 정강이에 몸을 기대자 리치는 강아지의 등을 문지르며 계속 중얼거렸다. 나는 벅차오르는 기분에 주저앉았다. 너무 슬프고 힘든 한 해였고, 커다란 슬픔과 상실감으로 가득 찬 시간이었다. 하지만 여기 이 작은 회색 강아지가 즐겁게 끽끽 소리를 내면서 장난감을 물고 공중으로 휙 던진 다음 우리 사이를 오가며 뛰는 모습을 보고 있자니 심장이 터질 듯했다. 그때 동물구조연맹 직원이 개를 산책시키고 싶은지 물었고 리치와 나는 그러겠다고 대답했다.

우리는 건물을 나와 반려동물 묘지의 가장 오래된 곳으로 통하는 오솔길을 따라갔다. 가을 햇살이 나무 사이로 스며들면서 19세기에 살았던 개들의 이끼 낀 묘비가 나무 그늘에 덮였다. 이끼 사이로 플러피와 스크래피라는 개의 이름이 언뜻 보였다. 우리가 데려간 개는 오래된 묘비의 냄새를 맡았고, 하얀 발로 부드럽게 흙을 내디뎠다. 리치와 나는 잠시 멈춰 작은 묘지에 있는 돌 벤치에 앉았다. 개가 돌바닥에 앉아 우리를 올려다보았다. 우리가 같이 쳐다보자 갈색을 띤 노란색 눈이 내 얼굴을 쳐다보다 이어 리치를 보았다. 큼직한 귀가 머리에서 살짝 접혔고, 근처의 돌 위에서 다람쥐들이 묘기를 부리듯 뛰어다니는 소리를 듣고 싶어 귀가 이리저리 돌아갔다. 개는 지금 이 순간 무슨 일이 일어나고 있는지, 모든 것이 어떻게 변하고 있는지 이해하기라도 하듯 진지하게 사색에 빠진 것 같았다.

"어때?" 리치가 개를 향해 말했다. "우리와 함께 집에 가서 친구가 되어주겠니?"

대답은 분명 "그래요"였다.

우리는 텔레비전 만화영화에서 본 가장 충성스러운 개의 이름을 따서 그 개를 시모어라고 불렀다.[10] 시모어는 테니스공을 따라가고 다람쥐를 추적하는 것을 좋아한다. 무언가가 제자리를 벗어날 때마다 컹컹 짖는다. 커다란 호박이나 하수구 주변에서는 왠지 긴장한다. 시모어는 자기가 만나는 모든 우편 집배원, 배달원, 건설 노동자와 금방 친구가 된다. 퇴근 후 집으로 돌아오는 리치의 자전거 벨 소리가 나면 곧바로 시모어의 꼬리가 흔들리기 시작한다. 내가 지금 이 글을 쓰는 동안에도 시모어는 내 발 옆에서 낮잠을 자고 있다. 시모어가 코 고는 모습을 보면 에세이스트인 듀가 추 보스가 자기 개 윌리스에 대해 쓴 문장이 생각난다. "나는 윌리스가 턱을 괴었던 모든 표면을 따라가 살피고 싶다. 언젠가 윌리스는 사라질 테고, 그러면 나는 주위를 둘러보며 윌리스의 턱 자국이라도 보고 싶을 테니 말이다. 턱으로 기억한다. 지금도 내 발밑에서 심장이 두근거린다."

물론 개를 소유하는 게 쉬운 일은 아니다. 좌절이나 걱정이 뒤따르는 게 당연하다. 나는 시모어가 심하게 설사를 하

---

10 애니메이션 〈퓨처라마〉의 '쥐라기의 짖음' 에피소드에서 프라이의 개로 등장한다.

는 10일 동안 밤새 밖으로 데려나가야 할 때 내가 왜 이런 일을 자초했는지 생각했다. 또 시모어가 심장사상충 양성 판정을 받아 5개월 동안 스트레스를 굉장히 많이 유발하는 치료 과정을 거쳤을 때는 내가 어떤 상황에 스스로를 몰아넣었는지 자문했다. 시모어가 쓰레기차를 뒤쫓아 질주하며 짖어댈 때는 시모어가 바퀴에 짓눌리는 끔찍한 상상에 나도 모르게 꽉 억눌리는 느낌을 받곤 했다. 우리는 시모어를 데려온 첫 번째 주에 발톱을 직접 다듬으려고 한 적이 있다. 하지만 너무 안쪽으로 생살을 자르는 바람에 피가 났고, 나는 기절하는 줄 알았다. 그날 밤 나는 시모어가 자기가 흘린 피 웅덩이에 빠지지는 않았나 하는 걱정에 계속 깼다.

어느 날은 동네에서 시모어를 산책시키던 중 시모어가 길 건너편의 다람쥐를 보고 도로로 뛰어들었다.

"안 돼!" 내가 소리쳤다. 시모어가 움츠러들면서 커다란 귀는 머리에 납작하게 누웠고, 꼬리는 다리 사이로 들어갔다. "그러면 안 돼! 차에 치일 거야!" 내 목소리가 점점 커지자 시모어가 나를 걱정하는 눈빛으로 올려다보기 시작했다. "그렇게 보지 마! 난 널 너무 사랑한다고!"

시모어가 건강하고 행복하게 살아 있도록 해야 한다는 책임의 무게가 때로는 벅차다. 그리고 인간 아기와는 달리 시모어는 결코 스스로 돌보고 독립할 어른으로 자라지 않을 것이다. 리치와 나는 시모어가 죽는 순간까지 이 개와 묶여 있어야 한다. 가끔은 시모어가 자고 있을 때 등을 쓰다듬으며 언젠가 이 녀석이 명이 다해 세상을 떠날 때쯤 내가 몇 살일지 가늠해보기도 했다. 운이 좋다면 40대 중반에서 후반 정도일 것이다. 지금으로부터 10년이나 15년 뒤에 시모어의 죽음이 닥친다면 그때는 감당하기가 더 쉬워질지 궁금하다. 그러는 동시에 거스와 그웬을 보내며 엉엉 울던 아빠의 모습이 기억난다. 나는 이미 답을 알고 있다. 절대 수월하지 않을 것이다. 아이들을 보내는 하나하나의 순간이 각기 다른 기분으로 끔찍하다. 어쩌면 그런 무게 때문에 감당할 가치가 있는 것일지도 모르지만 말이다.

행복한 사람이 되기 위해서는 매일 다섯 번씩 죽음을 생각해야 한다는 부탄의 속담이 있다. 어쩌면 우리는 반려동물들이 죽음을 떠올리게 하는데도 사랑하는 게 아니라, 죽음을 떠올리게 하기 때문에 그들을 사랑하는지도 모른다. 반려동물은 인생이 얼마나 짧은지, 매 순간을 살아가는 게 얼마나 중요한지 매일 보여준다.

조금 어려울 수도 있지만 그것은 삶의 일부다. 그리고 내가 미래에 닥칠 슬픔에 지나치게 얽매이고 존재의 무거움에 너무 깊이 빠져들 때마다, 지금 이 순간을 즐기라고 상기시키는 존재가 바로 시모어다. 한번은 이 책에서 특히 까다로운 주제를 조사하던 중 눈물이 나기 시작했다. 동물들을 실망시키거나 망칠 수 있는 방법은 아주 많다. 죄책감으로 가득 찬 사람들의 사연, 즉 사고나 오진, 실수 이야기는 언제나 내가 가장 듣기 힘들어하는 주제다. 한번은 책상 앞에 앉아서 컴퓨터 화면의 워드 프로그램을 쳐다보고 있는데 끽끽대는 기분 나쁜 소리가 들렸다. 그 소리는 점점 더 커졌고, 마침내 시모어가 가장 좋아하는 여우 인형을 이리저리 흔들면서 내가 일하는 방으로 뛰어들었다. 인형은 시모어를 떠나 빠르게 두 번 회전해 내 책상 위로 던져졌고, 키보드 위에 정면으로 착륙하면서 나를 '지금 이 순간'으로 돌려놓았다. 킥킥 웃을 수밖에 없는 순간이었다. 반려동물을 기르다 보면 걱정해야 할 일이 많다. 기쁘다가도 순식간에 불안이 그 순간을 잠식하는 일이 흔하다. 하지만 시모어가 빙글빙글 돌며 내가 여우 인형을 다시 자기에게 던지기를 기다리며 내 앞에서 같이 노는 것만으로도 나는 너무 신났고, 어쩌면 내가 잘해내고 있는지도 모른다고 생각했다. 나는 최선을 다하고 있다. 그리고 적어도 시모어는 내가 꽤 괜찮게 해내고 있다고 여긴다. 난 이미 시모어가 생각하는 그런 사람이다.

2020년 4월에 코로나 합병증으로 세상을 떠난 웰즐리대학 동창생 조이는 2018년에 졸업생 잡지에서 자기가 키우는 핏불 로지와 밴디트에 대해 인터뷰한 적이 있다. 그때 조이는 개를 키우는 것이 인생에 어떤 가치가 있다고 생각하느냐는 질문을 받았다. 조이는 이렇게 대답했다. "그들은 내가 필

# 273

Epilogue

요하다고 생각하는 세계에 깊이를 더하고, 현실에 반짝거림을 더해요. 여러분도 알겠지만 계절은 바뀌죠. 개들은 밖으로 나가야 하고, 시간이 흐르고 있습니다. 우리는 여전히 여기 있고 여전히 강건합니다. 우리는 해낼 거예요."

내가 시모어의 큼직한 회색 귀를 쓰다듬자 시모어는 언제나처럼 강렬한 눈빛으로 나를 올려다봤다. "우리는 여기 있고, 우리는 강해요. 우리는 해낼 거예요." 시모어가 말한다.

"행복한 사람이 되기 위해서는
매일 다섯 번씩 죽음을 생각해야 한다."

—부탄의 속담

# 참고한 자료들

다음은 이 책을 쓰면서 참고한 여러 훌륭한 자료들 가운데 일부다. 반려동물의 죽음과 애도에 대해 더 많은 정보가 필요하다면 이 자료들을 살펴보길 바란다.

특히 여러분이 미국에서 반려동물의 죽음에 대처하는 데 정신적인 어려움을 겪고 있다면 터프츠 펫로스 지원 핫라인으로 연락하라 (한국에서도 인터넷을 통해 여러 '펫로스 상담소'의 연락처를 찾을 수 있다—옮긴이).

당신이 이 책에서 얻은 한 가지가 당신은 결코 혼자가 아니라는 사실이었으면 좋겠다.

## Prologue

American Pet Products Association. *2019–2020 APPA National Pet Owners Survey.* Stamford, CT: American Pet Products Association, 2019.

Baker, Steve. *Picturing the Beast: Animals, Identity, and Representation.* Manchester, UK: Manchester University Press, 1993.

Banks, T. J. "Why Some People Want to Be Buried with Their Pets." *Petful,* August 28, 2017. Accessed March 18, 2019. https://www.petful.com/animal-welfare/can-pet-buried/.

Berger, John. *Why Look at Animals?* London: Penguin Books, 2009.

Borrelli, Christopher. "Pet Cemeteries Grow More Popular: 'Pets Are Family.'" *Chicago Tribune,* November 1, 2017. Accessed March 19, 2019. https://www.chicagotribune.com/entertainment/ct-ent-petcemeteries-20171026-story.html.

Brulliard, Karin, and Scott Clement. "How Many Americans Have Pets? An Investigation of Fuzzy Statistics." *Washington Post,* January 31, 2019. Accessed November 22, 2019. https://www.washingtonpost.com/science/2019/01/31/how-many-americans-have-pets-an-investigation-into-fuzzy-statistics/.

Cochrane, Emma. "The Mariah Carey Story." *Smash Hits* (UK), June 19, 1996.

Danovich, Tove K. "The Very Cute, Totally Disturbing Tale of the American 'It' Dog." *New York Magazine,* April 12, 2021. Accessed November 6, 2021. https://nymag.com/article/2021/04/the-totally-disturbing-tale-of-the-american-it-dog.htm.

Gilbert, Matthew. *Off the Leash: A Year at the Dog.* St. Martin's Griffin, 2016.

Jacquet, Jennifer. "Human Error." *Lapham's Quarterly,* July 17, 2016. Accessed November 6, 2021. https://www.lapham squarterly.org/disaster/human-error.

Kriger, Malcom D. *The Peaceable Kingdom in Hartsdale: A Celebration of Pets and Their People.* New York: Rosywick Press, 1983.

Martin, Edward C., Jr. *Dr. Johnson's Apple Orchard: The Story of America's First Pet Cemetery.* Paducah, KY: Image Graphics, 1997.

Martin, Edward C., III. *The Peaceable Kingdom in Hartsdale: America's First Pet Cemetery.* Hartsdale, NY: Hartsdale Pet Cemetery, 2013.

Maynard, Jake. "Rattled: The Recklessness of Loving a Dog." *catapult,* December 18, 2018. https://catapult.co/stories/rattled-the-recklessness-of-loving-a-dog.

Nussbaum, Emily. "Fiona Apple's Art of Radical Sensitivity." *New Yorker,* March 16, 2020. Accessed November 6, 2021. https://www.

newyorker.com/magazine/2020/03/23/fiona-apples-art-of-radical-sensitivity.

Simpson, Dave. "Why Fiona Apple Is Right to Cancel Her Tour for Her Dying Dog." *The Guardian,* November 21, 2012. Accessed November 6, 2021. https://www.theguardian.com/music/musicblog/2012/nov/21/fiona-apple-tour-dying-dog.

Wolfelt, Alan D. *When Your Pet Dies: A Guide to Mourning, Remembering, and Healing.* Fort Collins, CO: Companion Press, 2004.

## 1. 물고기가 우주를 유영하는 법

American Kennel Club. "Basenji Dog Breed Information." Accessed March 15, 2019. https://www.akc.org/dog-breeds/basenji/.

Bleiberg, Edward, Yekaterina Barbash, and Lisa Bruno. *Soulful Creatures: Animal Mummies in Ancient Egypt.* London: Giles, 2013.

Claybourne, Anna. *Mummies Around the World.* London: A&C Black, 2010.

Finkel, Amy, dir. *Furever.* Olympia, WA: Gaia Indie Films, 2013.

Formanek, Ruth. "When Children Ask About Death." *Elementary School Journal* 75, no. 2 (November 1974): 92–97.

Ikram, Salima. *Beloved Beasts: Animal Mummies from Ancient Egypt.* Cairo: Supreme Council of Antiquities, 2004.

———. *Death and Burial in Ancient Egypt.* London: Pearson Education, 2003.

———, ed. *Divine Creatures: Animal Mummies in Ancient Egypt.* Cairo: American University in Cairo Press, 2004.

Keats, Jonathon. "The Animal Mummy Business." *Discover,* November 10, 2017. Accessed April 18, 2018. https://discovermagazine.com/2017/

dec/the-animal-mummy-business.

King, Barbara J. *Being with Animals: Why We Are Obsessed with the Furry, Scaly, Feathered Creatures Who Populate Our World.* New York: Doubleday, 2010.

Knapton, Sarah. "Fish Tanks Lower Blood Pressure and Heart Rate." *The Telegraph,* July 30, 2015. Accessed March 15, 2019. https://www.telegraph.co.uk/news/science/science-news/11770965/Fish-tanks-lower-blood-pressure-and-heart-rate.html.

Levinson, Boris M. *Pet-Oriented Child Psychotherapy.* Springfield, IL: Charles C. Thomas, 1997.

Lipton, David. *Goodbye, Brecken.* Washington, DC: Magination Press, 2012.

Lobell, Jarrett A., and Eric A. Powell. "More Than Man's Best Friend." *Archaeology* 63, no. 5 (September/October 2010):26–35.

Mark, Joshua J. "Dogs in Ancient Egypt." World History Encyclopedia (website). Article published March 13, 2017. Accessed March 18, 2019. https://www.ancient.eu/article/1031/dogs-in-ancient-egypt/.

Matthews, Mimi. *The Pug Who Bit Napoleon: Animal Tales of the 18th and 19th Centuries.* Barnsley: Sword & Pen Books, 2017.

Morton, Ella. "Modern Mummification for You and Your Pet." *Atlas Obscura* (blog). *Slate,* March 28, 2014. Accessed November 27, 2019. https://www.slate.com/blogs/atlas_obscura/2014/03/28/salt_lake_city_based_group_summum_will_mummify_you_and_your_pet.html.

National Museum of Natural History. "Eternal Life in Ancient Egypt." Accessed November 6, 2021. https://naturalhistory.si.edu/exhibits/eternal-life-ancient-egypt.

Nir, Sarah Maslin. "New York Burial Plots Will Now Allow Four-Legged Companions." *New York Times,* October 6, 2016. Accessed March

22, 2019. https://www.nytimes.com/2016/10/07/nyregion/new-york-burial-plots-will-now-allow-four-legged-companions.html.

Poston, Hannah Louise. "How a Kitten Eased My Partner's Depression." *New York Times,* August 13, 2015. Accessed November 26, 2019. https://www.nytimes.com/2015/08/16/fashion/how-a-kitten-eased-my-partners-depression.html.

Putnam, James. *Eyewitness: Mummy.* London: Dorling Kindersley, 2000.

Rivenburg, Roy. "Return of the Mummy: A Small Company Has Revived the Egyptian Practice of Preserving Bodies for Posterity." *Los Angeles Times,* January 27, 1993. Accessed November 6, 2021. https://www.latimes.com/archives/la-xpm-1993-01-27-vw-1906-story.html.

Sife, Wallace. *The Loss of a Pet: A Guide to Coping with the Grieving Process When a Pet Dies.* Howell Book House, 2014.

Summum. "Animal Mummification Costs." Accessed November 27, 2019. https://www.summum.org/pets/animalcosts.shtml.

Tarlach, Gemma. "The Origins of Dogs." *Discover,* November 9, 2016. Accessed April 18, 2018. discovermagazine.com/2016/dec/the-origins-of-dogs.

Vatomsky, Sonya. "The Movement to Bury Pets Alongside People." *The Atlantic,* October 10, 2017. Accessed March 18, 2019. https://www.theatlantic.com/family/archive/2017/10/whole-family-cemeteries/542493/.

von den Driesch, Angela, Dieter Kessler, Frank Steinmann, Véronique Berteaux, and Joris Peters. "Mummified, Deified and Buried at Hermopolis Magna —The Sacred Birds from Tuna El-Gebel, Middle Egypt." *Ägypten und Levante/Egypt and the Levant* 15 (2005): 203–44.

Watson, Traci. "In Ancient Egypt, Life Wasn't Easy for Elite Pets." *National Geographic,* May 25 2015. Accessed April 18, 2018. https://www.

nationalgeographic.com/history/article/150525-a ncient-egypt-zoo-pets-hierakonpolis-baboons-archaeology/.

Wilcox, Charlotte. *Animal Mummies: Preserved Through the Ages.* Mankato, MN: Capstone Press, 2003.

Wilder, Pana. "The Role of the Elementary School Counselor in Counseling About Death." *Elementary School Guidance & Counseling* 15, no. 1 (October 1980): 56–65.

## 2. 어떤 바보들은 슬픔이 예정된 선택을 후회하지 않는다

Ackerley, J. R. *My Dog Tulip.* New York: Poseidon Press, 1965.

Bekoff, Marc. *Minding Animals: Awareness, Emotions, and Heart.* Oxford: Oxford University Press, 2002.

Bradley, Theresa, and Ritchie King. "The Dog Economy Is Global — but What Is the World's True Canine Capital?" *The Atlantic,* November 13, 2012. Accessed November 22, 2019. https://www.theatlantic.com/business/archive/2012/11/the-dog-economy-is-global-but-what-is-the-worlds-true-canine-capital/265155/.

Fox, Mem. *Tough Boris.* Orlando, FL: Harcourt, 1994.

Gay, Roxane. "Of Lions and Men: Mourning Samuel DuBose and Cecil the Lion." *New York Times,* July 31, 2015. Accessed November 6, 2021. https://www.nytimes.com/2015/08/01/opinion/of-lions-and-men-mourning-samuel-dubose-and-cecil-the-lion.html.

Herzog, Hal. "Why Kids with Pets Are Better Off." *Psychology Today,* July 12, 2017. Accessed November 6, 2021. https://www.psychologytoday.com/us/blog/animals-and-us/201707/why-kids-pets-are-better.

Irvine, Leslie. *If You Tame Me: Understanding Our Connection with Animals.* Philadelphia: Temple University Press, 2004.

————. *My Dog Always Eats First: Homeless People and Their Animals.*

Boulder, CO: Lynne Rienner, 2016.

Olmert, Meg Daley. *Made for Each Other.* Philadelphia: De Capo, 2009.

Parker, Peter. *Ackerley: A Life of J. R. Ackerley.* New York: Farrar, Straus and Giroux, 1989.

Rogak, Lisa. *Dogs of Courage: The Heroism and Heart of Working Dogs Around the World.* New York: St. Martin's, 2012.

Taylor, Ross. "Last Moments." Photo series. Ross Taylor: Photography and Motion Production (website). Accessed October 17, 2021. http://www.rosstaylor.net/photo-stories/last-moments/.

Wroblewski, David. *The Story of Edgar Sawtelle.* New York: HarperCollins, 2008.

Zagorsky, Jay L. "Americans Are Expected to Spend Half a Billion Dollars on Pet Halloween Costumes This Year, and It Shows Just How Society Values Consumerism." *Insider,* October 30, 2019. Accessed November 6, 2021. https://www.businessinsider.com/americans-spend-half-billion-dollars-pet-halloween-costumes-consumerism-2019-10.

## 3. 말이 통하지 않는 다른 존재의 목숨을 책임진다는 말도 안 되는 일

Fincham-Gray, Suzy. *My Patients and Other Animals.* New York: Spiegel & Grau, 2018.

Greenwood, Arin. "What Veterinarians Wished You Knew Before Euthanizing Your Pet." *Today,* June 27, 2017. Accessed July 30, 2019. https://www.today.com/series/things-i-wish-i-knew/pet-euthanasia-veterinarians-what-know-when-it-s-time-more-t113053.

"How Much Does a Veterinarian Make?" *U.S. News & World Report.* Accessed October 17, 2021. https://money.usnews.com/careers/best-jobs/veterinarian/salary.

Kachka, Boris. *Becoming a Veterinarian.* New York: Simon & Schuster, 2019.

Kean, Hilda. *The Great Cat and Dog Massacre: The Real Story of World War Two's Unknown Tragedy.* Chicago: University of Chicago Press, 2017.

Leffler, David. "Suicide Rates Among Veterinarians Become a Growing Problem." *Washington Post,* January 23, 2019. Accessed April 29, 2019. https://www.washingtonpost.com/national/health-science/suicides-among-veterinarians-has-be come-a-growing-problem/2019/01/18/0f58df7a-f35b-11e8-80d0-f7e1948d55f4_story.html.

Nett, Randall J., Tracy K. Witte, Stacy M. Holzbauer, Brigid L. Elchos, Enzo R. Campagnolo, Karl J. Musgrave, Kris K. Carter, et al. "Risk Factors for Suicide, Attitudes Toward Mental Illness, and Practice-Related Stressors Among US Veterinarians." *Journal of the American Veterinary Medical Association* 247, no. 8 (October 15, 2015): 945–55.

Pierce, Jessica. *The Last Walk.* Chicago: University of Chicago Press, 2012.

Pilkington, Ed. "'Paris Hilton Syndrome' Strikes California Animal Shelters." *The Guardian,* December 10, 2009. Accessed November 6, 2021. https://www.theguardian.com/world/2009/dec/10/chihuahuas-paris-hilton-syndrome.

Ratcliff, Ace Tilton. "How Starting a Pet Euthanasia Business Saved My Life." *Narratively,* June 17, 2019. Accessed July 30, 2019. https://narratively.com/how-starting-a-pet-euthanasia-business-saved-my-life/.

Sabin, Dyani. "A Pet's Death Can Hurt More Than Losing a Fellow Human." *Popular Science,* May 1, 2018. Accessed July 26, 2019. https://www.popsci.com/pet-death-grief/.

Shaw, Jane R., and Laurel Lagoni. "End-of-Life Communication in Veterinary Medicine: Delivering Bad News and Euthanasia Decision Making." *Veterinary Clinics: Small Animal Practice* 37 (2007): 95–108.

Thayer, Kate. "Veterinarians Work to Prevent Suicide as Study Finds Increased Risk: 'There Is Absolutely Nothing Weak About Asking for Help.'" *Chicago Tribune,* January 28, 2019. Accessed April 29, 2019. https://www.chicagotribune.com/lifestyles/ct-life-veterinarians-suicide-20190108-story.html.

Tomasi, Suzanne E., Ethan D. Fechter-Leggett, Nicole T. Edwards, Anna D. Reddish, Alex E. Crosby, and Randall J. Nett. "Suicide Among Veterinarians in the United States from 1979 through 2015." *Journal of the American Veterinary Medical Association* 254, no. 1 (January 1, 2019): 104–12.

## 4. 어디서 무엇으로든 존재해준다면

Boboltz, Sara. "That Crazy Tortoise Story on 'Transparent' Actually Happened." *Huffpost,* September 26, 2016. Accessed June 3, 2019. https://www.huffpost.com/entry/that-crazy-tortoise-story-on-transparent-actually-happened_n_57e953bae4b08d73b83281c1.

Boss, Pauline. *Ambiguous Loss: Learning to Live with Unresolved Grief.* Cambridge, MA: Harvard University Press, 1999.

Carroll, Stephanie. "Why Were Victorians Obsessed with Death?" *Unhinged Historian* (blog), November 7, 2012. Accessed June 3, 2019. http://www.unhingedhistorian.com/2012/11/why-were-victorians-obsessed-with-death.html?q=obsessed+with+death.

"Charles Dickens' Letter Opener." 1862. Henry W. and Albert A. Berg Collection of English and American Literature. New York Public

Library Digital Collections. Accessed October 18, 2021. https://
digitalcollections.nypl.org/items/52ebd640-93d6-0134-0164-
00505686a51c.

Horn, Leslie. "Charles Dickens Turned His Dead Cat's Paw into a Letter
Opener." *Gizmodo,* December 19, 2012. Accessed February 22, 2018.
https://gizmodo.com/5969719/charles-dickens-turned-his-dead-cats-
paw-into-a-letter-opener.

"It All Started with a Dead Cat Drone — Now Is a Taxidermy Drone
Company." *Dronethusiast.* Accessed October 17, 2021. https://www.
dronethusiast.com/dead-cat-drone/.

Marbury, Robert. *Taxidermy Art: A Rogue's Guide to the Work, the Culture,
and How to Do It Yourself.* New York: Artisan, 2014.

Maynard, Jake. "Freeze-Dried Pets Are Forever." *Slate,* November 14, 2019.
Accessed December 6, 2019. https://slate.com/technology/2019/11/
why-people-freeze-dry-their-pets-and-how-it-happens.html.

Messenger, Stephen. "Family Cleans House, Finds Pet Tortoise Missing Since
1982." *Treehugger,* February 4, 2013. Accessed June 3, 2019.
https://www.treehugger.com/natural-sciences/family-cleans-house-
and-finds-pet-tortoise-went-missing-30-years-earlier.html.

Morris, Pat, with Joanna Ebenstein. *Walter Potter's Curious World of
Taxidermy.* New York: Blue Rider, 2014.

Perkins, Anne. "How to Dispose of a Dead Pet: Is Taxidermy the Very Best
Option?" *The Guardian,* December 4, 2017. Accessed July 17, 2019.
https://www.theguardian.com/lifeandstyle/2017/dec/04/how-to-
dispose-of-a-dead-pet-is-taxidermy-the-very-best-option.

Turner, Alexis. *Taxidermy.* New York: Rizzoli International, 2013.

Wee, Sui-Lee. "His Cat's Death Left Him Heartbroken, So He Cloned It."
*New York Times,* September 4, 2019. Accessed December 6,
2019. https://www.nytimes.com/2019/09/04/business/china-cat-

clone.html.

## 5. 너는 어디로 갈까?

Ambros, Barbara. *Bones of Contention: Animals and Religion in Contemporary Japan.* Honolulu: University of Hawai'i Press, 2012.

*Ancient Nubia Now.* Exhibition, October 13, 2019–January 20, 2020. Museum of Fine Arts, Boston. https://www.mfa.org/exhibitions/nubia.

Bischoff, Paul. "China Dog Lovers Pay Thousands for Luxury Pet Funerals." *Mashable,* September 4, 2015. Accessed June 24, 2019. https://mashable.com/2015/09/04/pet-funerals-china/.

Browne, Sylvia. *All Pets Go to Heaven.* New York: Atria, 2009.

Chalfen, Richard. "Celebrating Life After Death: The Appearance of Snapshots in Japanese Pet Gravesites." *Visual Studies* 18, no. 2 (2003): 144–56.

Deutsch, Otto Erich. *Mozart: A Documentary Biography.* Stanford, CA: Stanford University Press, 1965.

Doughty, Caitlin (@thegooddeath). "'In Memory of Little Joe. Died November 3rd 1875. Aged 3 Years' Little Joe was a canary y'all! This taxidermy piece is from 19th century England." Instagram, June 30, 2017. Accessed March 20, 2019. https://www.instagram.com/p/BV-yQtfDIhI/?hl=en&taken-by=thegooddeath.

Gilman, Clarabel. "Some Animals of the Northern Hemisphere." *Journal of Education* 60, no. 14 (October 6, 1904): 233–34.

Haupt, Lyanda Lynn. *Mozart's Starling.* New York: Little, Brown, 2017.

Hobgood-Oster, Laura. *Holy Dogs and Asses: Animals in the Christian Tradition.* Chicago: University of Illinois Press, 2008.

Huang, Echo. "Pet Owners in China Are Splurging on Luxury Hotels,

Acupuncture Treatments, and Fancy Funerals." *Quartz,* August 29, 2017. Accessed June 24, 2019. https://qz.com/1064439/pet-owners-in-china-are-splurging-on-luxury-hotels-acupuncture-treatments-and-fancy-funerals/.

Hung, Louise. "Mourning Mosa: My Cat's Funeral in Japan." Order of the Good Death (website). March 5, 2017. Accessed June 28, 2019. https://www.orderofthegooddeath.com/article/mourning-mosa-my-cats-funeral-in-japan/.

Kenney, Elizabeth. "Pet Funerals and Animal Graves in Japan." *Mortality* 9, no. 1 (February 2004): 42–60.

Metcalfe, Tom. "2,000-Year-Old Dog Graveyard Discovered in Siberia." *Live Science,* July 15, 2016. Accessed April 18, 2018. https://www.livescience.com/55415-ancient-dog-graveyard-discovered.html.

mike_pants. "A Victorian sarcophagus, brass and marble. Inside is a shrouded bluebird with this note: 'Our pet WeeWee, Died Monday 18 June, 1874 at 7:55 o'clock.'" ArtefactPorn. Reddit. March 4, 2015. Accessed March 20, 2019. https://www.reddit.com/r/ArtefactPorn/comments/2xws2p/a_victorian_sarcophagus_brass_and_marble_inside/.

Niemetschek, Franz. *Life of Mozart.* Translated by Helen Mautner. London: Leonard Hyman, 1956. Originally written in 1798.

Pennisi, Elizabeth. "Burials in Cyprus Suggest Cats Were Ancient Pets." *Science* 304, no. 5668 (April 9, 2004): 189.

Rohr, Richard. *The Universal Christ: How a Forgotten Reality Can Change Everything We See, Hope For, and Believe.* New York: Convergent Books, 2019.

Sife, Wallace. *The Loss of a Pet.* 3rd ed. Hoboken, NJ: Howell Book House, 2005.

Veldkamp, Elmer. "The Emergence of 'Pets as Family' and the Socio-

Historical Development of Pet Funerals in Japan." *Anthrozoös* 22, no. 4 (2009): 333–46.

Wapnish, Paula, and Brian Hesse. "Pampered Pooches or Plain Pariahs? The Ashkelon Dog Burials." *Biblical Archaeologist* 56, no. 2 (June 1993): 50–80.

West, Meredith J., and Andrew P. King. "Mozart's Starling." *American Scientist* 78 (March–April 1990): 106–14.

## 6. 어떤 말은 영웅이 되고 어떤 말은 다른 동물의 사료가 된다

Bouyea, Brien, ed. *National Museum of Racing and Hall of Fame Official Guide 2017–2018.* Saratoga Springs, NY: National Museum of Racing and Hall of Fame.

Crist, Steven. "Secretariat, Racing Legend and Fans' Favorite, Is Dead." *New York Times,* October 5, 1989. Accessed September 5, 2019. https://www.nytimes.com/1989/10/05/sports/secretariat-racing-legend-and-fans-favorite-is-dead.html.

Gilliland, Haley Cohen. "Why Explosives Detectors Still Can't Beat a Dog's Nose." *MIT Technology Review,* October 24, 2019. Accessed January 31, 2020. https://www.technologyreview.com/2019/10/24/132201/explosives-detectors-dogs-nose-sensors/.

Livingston, Barbara. "Man o' War's Funeral: Remarkable Final Tribute for a Majestic Champion." *Daily Racing Form,* February 24, 2011. Accessed September 5, 2019. https://www.drf.com/blogs/man-o-wars-funeral-remarkable-final-tribute-majestic-champion.

Mull, Amanda. "The Inevitable Aging of the Internet's Famous Pets." *The Atlantic,* January 28, 2019. Accessed September 26, 2019. https://www.theatlantic.com/health/archive/2019/01/pet-communities-are-last-nice-place-online/581440/.

Ohlheiser, Abby. "This Decade Taught Us to Love Viral Pets. Now We Have to Grieve Their Deaths." *Washington Post,* December 2, 2019. Accessed January 23, 2020. https://www.washingtonpost.com/technology/2019/12/02/this-decade-taught-us-love-viral-pets-now-we-have-grieve-their-deaths/.

Santiago, Amanda Luz Henning. "What Happens When an Animal Influencer Dies?" *Mashable,* August 8, 2018. Accessed September 27, 2019. mashable.com/article/when-animal-influencers-die/.

## 7. 마지막 순간을 데우는 유일무이한 존재

Bekoff, Marc. *Strolling with Our Kin: Speaking for and Respecting Voiceless Animals.* New York: Lantern/Booklight, 2000.

Berg, Matt. "Ms. Jennifer, 53-Year-Old Tortoise, Up for Adoption After Owner Dies of COVID-19." *Boston Globe,* May 21, 2020. Accessed November 6, 2021. https://www.bostonglobe.com/2020/05/21/metro/ms-jennifer-53-year-old-tortoise-up-adoption-after-owner-died-covid-19/.

Cuthbert, Lori, and Douglas Main. "Orca Mother Drops Calf, After Unprecedented 17 Days of Mourning." *National Geographic,* August 13, 2018. Accessed November 6, 2021. https://www.nationalgeographic.com/animals/2018/08/orca-mourning-calf-killer-whale-northwest-news/.

"The Dog Suicide Bridge." Atlas Obscura Community. *Atlas Obscura.* Accessed October 17, 2021. https://community.atlasobscura.com/t/the-dog-suicide-bridge/9136.

Dosa, David. *Making Rounds with Oscar.* New York: Hyperion, 2010.

Engelhaupt, Erika. "Would Your Dog Eat You If You Died? Get the Facts." *National Geographic,* June 23, 2017. Accessed January 22, 2020.

https://www.nationalgeographic.com/news/2017/06/pets-dogs-cats-eat-dead-owners-forensics-science.

Kindon, Frances, and Vicki Newman. "Michael Jackson's Chimp Bubbles 'Tried to Commit Suicide, Was Beaten and Self Harmed.'" *The Mirror,* February 16, 2019. Accessed September 12, 2019. https://www.mirror.co.uk/3am/celebrity-news/michael-jacksons-chimp-bubbles-tried-14007221.

King, Barbara J. *How Animals Grieve.* Chicago: University of Chicago Press, 2013.

Lemish, Michael. *War Dogs.* Sterling, VA: Brassey's, 1999.

Malki, Jason. "Author Dr. Christopher Kerr: Dying Needs to Be Recognized as More Than Medical Failure or the Physical Suffering We Either Observe or Experience." *Authority Magazine,* July 29, 2020. Accessed January 4, 2022.

Masson, Jeffrey Moussaieff. *Dogs Never Lie About Love: Reflections on the Emotional World of Dogs.* New York: Crown, 1997.

McDonnell, Sharon. "Memorable Mutts: 11 Dogs Monuments Around the World." *Fodor's Travel,* September 18, 2017. Accessed March 25, 2019. https://www.fodors.com/news/photos/memorable-mutts-11-dogs-monuments-around-the-world.

McGraw, Carol. "Gorilla's Pet: Koko Mourns Kitten's Death." *Los Angeles Times,* January 10, 1985. Accessed September 13, 2019. https://www.latimes.com/archives/la-xpm-1985-01-10-mn-9038-story.html.

Nir, Sarah Maslin. "The Pets Left Behind by Covid-19." *New York Times,* June 23, 2020. Accessed November 6, 2021. https://www.nytimes.com/2020/06/23/nyregion/coronavirus-pets.html.

Nunez, Sigrid. *The Friend.* New York: Penguin Random House, 2018.

———. *Mitz: The Marmoset of Bloomsbury.* New York: Soft Skull, 2019.

Riley, Christopher. "The Dolphin Who Loved Me: The NASA Funded

Project That Went Wrong." *The Guardian,* June 8, 2014. Accessed 22 January 2020. https://www.theguardian.com/environment/2014/jun/08/the-dolphin-who-loved-me.

Safina, Carl. "The Depths of Animal Grief." Nova (website). Article published July 8, 2015. Accessed November 6, 2021. https://www.pbs.org/wgbh/nova/article/animal-grief/.

Scannell, Kara. "This Is What Happens to the Pets Left Behind When Their Owners Die from Coronavirus." CNN, May 12, 2020. Accessed November 6, 2021. https://www.cnn.com/2020/05/12/us/pets-of-coronavirus/index.html.

Siebert, Charles. "An Elephant Crackup?" *New York Times,* October 8, 2006. Accessed November 6, 2021. https://www.nytimes.com/2006/10/08/magazine/08elephant.html.

"We've Bred Dogs to Have Expressive Eyebrows That Manipulate Our Emotions." *CBC Radio,* June 21, 2019. Accessed November 6, 2021. https://www.cbc.ca/radio/quirks/june-22-is-your-wi-fi-watching-you-dog-s-manipulative-eyebrows-darwin-s-finches-in-danger-and-more-1.5182752/we-ve-bred-dogs-to-have-expressive-eyebrows-that-manipulate-our-emotions-1.5182767.

Yeginsu, Ceylan. "'Dog Suicide Bridge': Why Do So Many Pets Keep Leaping Into a Scottish Gorge?" *New York Times,* March 27, 2019. Accessed April 4, 2019. https://www.nytimes.com/2019/03/27/world/europe/scotland-overtoun-bridge-dog-suicide.html.

## 8. 나를 자라게 한 내 털북숭이 친구

Beck, Julie. "How Dogs Make Friends for Their Humans." *The Atlantic,* November 30, 2015. Accessed January 21, 2020. https://www.theatlantic.com/health/archive/2015/11/how-dogs-make-friends-fortheir-humans/417645/.

Gevinson, Tavi, ed. *Rookie on Love: 45 Voices on Romance, Friendship, and Self-Care.* New York: Razorbill, 2018.

O'Neill, Eugene. *The Last Will and Testament of an Extremely Distinguished Dog.* Carlisle, MA: Applewood Books, 2014.

### Epilogue

Mogolov, Lisa Scanlon. "The Heart of a Pet." *Wellesley,* Summer 2018. Accessed November 6, 2021. https://magazine.wellesley.edu/summer-2018/the-heart-pet.

Weiner, Eric. "Bhutan's Dark Secret to Happiness." *BBC Travel,* April 8, 2015. Accessed November 6, 2021. https://www.bbc.com/travel/article/20150408-bhutans-dark-secret-to-happiness.

감
사
의

말

우선 이 작업의 주제를 듣고 심지어 지나가는 길에도 자신의 죽은 반려동물에 대해 말해주고 싶어 했던, 인터뷰에 응해준 모든 분께 감사드린다. 여러분이 사랑했던 동물들의 이야기를 듣는 것은 그 무엇보다 내가 좋아하는 일이었다. 그 모든 이야기를 다 담지는 못했지만, 고통스러운 기억을 기꺼이 꺼내주었던 여러분의 의지에 나는 영원히 빚을 졌다.

이 프로젝트를 위해 대화를 나눈 수많은 동물 전문가와 동물 공동묘지 관계자 분들, 또한 기사나 이야기, 사진, 비디오, 밈을 비롯해 세상을 떠난(또는 살아 있는) 반려동물에 관련한 자료를 기꺼이 보내주신 모든 분에게 감사드린다. 이 책을 쓰는 동안 내게는 수백 명의 조수가 있었다. 새로 사귄 친구, 오랜 친구, 가족, 친척, 예비 가족, 과거와 현재의 제자들, 중학교와 고등학교, 대학 동창들, 이웃, 지인 등 정말 많은 사람이 이 책을 쓰는 데 도움을 주었다. 인스타그램이나 페이스북, 트위터에서 "이거 혹시 놓쳤을까 봐, 한번 확인해봐요!"라는 메시지를 받을 때마다 행복했다. 여러분 덕에 거북이의 부고, 복제된 고양이 소식을 알 수 있었다.

런던 하이드파크 반려동물 묘지 직원을 귀찮게 굴기, 마이애미에서 스페인어로 적힌 반려견 묘비명 번역하기, 일본의 반려동물 장례 전문가들 귀찮게하기, 콩코드에서 유령 고양이 찾아다니기, 나를 중국의 온갖 반려동물 케어 전문가들과 연결시키기, 반려동물이나 동물과 관련한 온갖 책자의 무료 검토 사본 보내주기, 웨이랜드 반려동물 묘지를 개인적으로 몰래 둘러보게 하기, 메인주 전역의 반려동물 묘지 사진을 찍을 수 있도록 허락 구하기, 비공식 법률 자문이 되어주기 등 혼자였다면 해낼 수 없었던 수많은 일을 해낸 나의 소중한 친구들은 이 책의 가장 큰 조력자였다.

개인 집무실이자 최고의 연구실이 되어준(특히 도서관 옆 잔디밭에서 '죽지 않은' 개들을 자주 볼 수 있어 좋았다) 케임브리지 공공도서관 관계자들과, 나의 유년을 따스하게 채워주고 지금의 나를 있게 한 모교와 선생님들, 작가로의 준비를 도와준 수많은 서점에 감사드린다. 또한 이 책의 편집자인 나오미 깁스와 아이비 기븐스에게도 감사를 표한다.

반려동물에 대한 내 집착을 용인하고 격려해준 가족에게 가장 큰 감사를 드리고 싶다. 어린 시절 새들과 강아지를 돌봐주시고 10년이 넘는 시간 동안 물심양면으로 손녀의 글쓰기 프로젝트를 지원해주신 나의 조부모님, 길 한복판에서 거북이를 구출하고 거스와 그웬에게 소파로 뛰어오르는 법을 가르쳐준 나의 형제들, 동물에 대한 애정을 함께 나누고 파충류에 대해 많은 것을 알려준 조카들에게도 고마움을 전한다. 항상 내 책에 대해 관심을 갖고 테런스의 안부를 묻는 리치의 가족에게도 감사드린다. 처음 여러분의 집에 들어갔을 때 책장에 코코아의 유골함이 놓인 것을 보고 내가 결혼하기에 적합한 가족을 찾았다는 사실을 알았다.

부모님에게는 얼마나 더 감사해야 할지 모를 정도다. 애초에 이 모든 동물이 집에 들어올 수 있도록 허락해주신 나의 어머니와 동물을 키우는 문제에서는 항상 최고의 응원군이었던 아버지에게 감사드린다. 두 분이 없었다면 나는 이 책을 쓸 수 없었을 테고, 평생 작가가 되지 못했을 것이다.

그리고 내 인생을 여러 가지 면에서 풍요롭게 해준 모든 반려동물에게(살았든 죽었든) 고맙다. 너희들의 무조건적인 사랑과 너희가 내게 가져다준 기쁨이야말로 내 인생을 가치 있게 만들었다. 또한 이 책을 통해 만난 모든 반려동물(살았든 죽었든)에게 그들의 삶을 공유해주어 감사하다. 너희들의 성격과 별난 습관, 너희가 가족에게 즐거움을 가져다준 방식들이야말로 정말이지 이 책의 전부였다.

마지막으로 남편 리치에게 가장 큰 감사를 전한다. 사람을 우울하게 만드는 죽은 반려동물과 관련된 취재 자료를 집에 잔뜩 늘어놓는데도 리치는 늘 내 곁에 머물러주었다. 그는 언제나 나를 믿어주고 격려하며 내가 꿈을 추구하도록 응원해주었다. 남편은 동물을 아주 사랑한 나머지 프레드 로저스의 책《반려동물이 세상을 떠날 때When a Pet Dies》의 표지만 봐도 눈물을 글썽이는 사람이고, 그래서 내가 당신을 사랑한다. 잘 알겠죠? 고마워요.

아는 동물의
죽음

**초판 1쇄 인쇄** 2023년 8월 28일
**초판 1쇄 발행** 2023년 9월 6일

**지은이** E. B. 바텔스
**옮긴이** 김아림
**펴낸이** 이승현

**출판2 본부장** 박태근
**지적인 독자 팀장** 송두나
**편집** 송지영
**디자인** 함지현

**펴낸곳** ㈜위즈덤하우스   **출판등록** 2000년 5월 23일 제13-1071호
**주소** 서울특별시 마포구 양화로 19 합정오피스빌딩 17층
**전화** 02) 2179-5600   **홈페이지** www.wisdomhouse.co.kr

ISBN 979-11-6812-764-7 03490